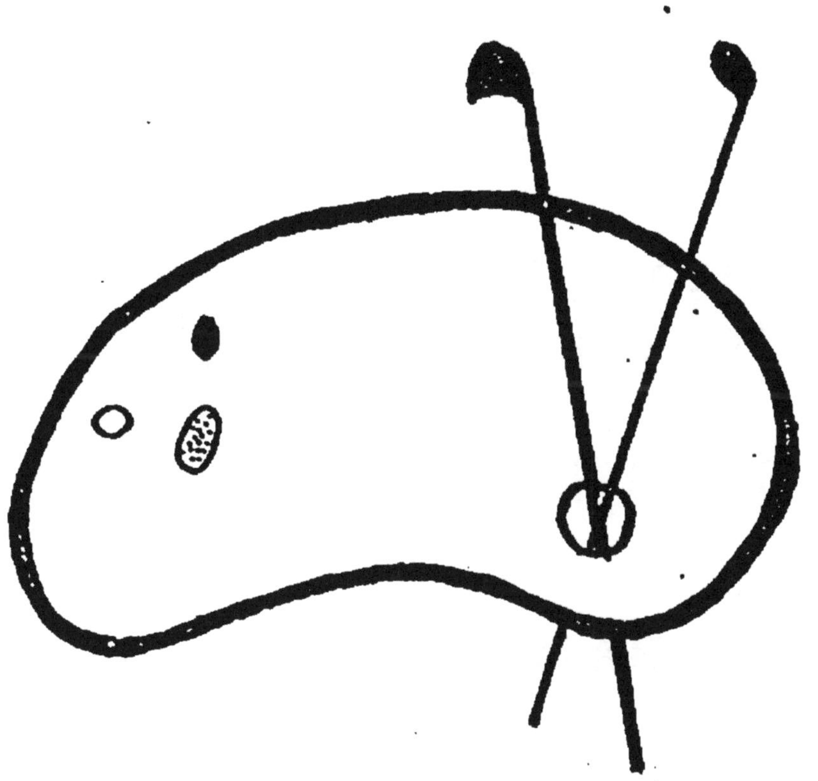

DEBUT D'UNE SERIE DE DOCUMENTS
EN COULEUR

QUATRIÈME ÉDITION

GUIDES ROUTIERS RÉGIONAUX

A L'USAGE

des Cyclistes et des Automobilistes

LA NORMANDIE

PLAGES NORMANDES

PAR

A. DE BARONCELLI

Prix : 2 fr. 50

PARIS

—

CHEZ TOUS LES LIBRAIRES

TABLE DES PLAGES ET DES PRINCIPALES VILLES

*Les hôtels précédés d'un * sont spécialement recommandés.*

LUC-SUR-MER. — Hôtel du Petit-Enfer. — **111**, 133.
MERS. — Hôtels du Casino; de la Plage. — 80.
MONTEBOURG. — Hôtel du Nord. — 151.
MONTIVILLIERS. — Hôtel Fontaine. — 33.
MONTMARTIN-SUR-MER. — Hôtel de la Gare. — 175.
MONT-SAINT-MICHEL (Le). — * Hôtel Poulard aîné. — 185.
Mortain. — * Hôtel de la Poste. — **188**, 195.
NEUBOURG (Le). — Hôtel de la Poste. — 123.
ONIVAL. — Hôtel Continental. — 80.
ORBEC. — Hôtel de Lisieux. — 126.
PAVILLY. — Hôtel de l'Image-Saint-Pierre. — 45.
PERCY. — Hôtel du Cheval-Blanc. — 142.
PÉRIERS. — Hôtel de la Croix-Blanche. — **121**, 142.
PETITES-DALLES (Les). — Hôtels des Bains; des Pavillons. — 65.
PIEUX (Les). — Hôtel des Voyageurs. — 152, **162**.
Pont-Audemer. — * Hôtel du Lion-d'Or. — 92.
Pont-l'Evêque. — * Hôtel du Bras-d'Or. — 93, **102**, 126.
PORTBAIL. — * Hôtel des Voyageurs. — 151, **169**.
PORT-EN-BESSIN. — * Hôtel de l'Europe. — **117**, 137.
POURVILLE. — Grand-Hôtel. — 71.
PRÉ-EN-PAIL. — Hôtel de Bretagne. — 189.
PUYS. — Hôtel Bellevue. — 75.
QUIBERVILLE-LES-BAINS. — Hôtel des Bains. — 70.
QUINÉVILLE. — Hôtel Moderne. — 115.
RIVA-BELLA. — Hôtels du Chalet; de la Plage. — **110**, 133.
Rouen. — * Hôtels du Nord; de France. — **19**, 88.
SAINT-AUBIN. — Restaurant. — 69.
SAINT-AUBIN-SUR-MER. — Hôtel de la Terrasse. — 113.
SAINT-JEAN-LE-THOMAS. — * Hôtel de la Grande-Auberge. — 183.
SAINT-JOUIN. — Hôtel de Paris. — 51.
SAINT-LAURENT-PLAGE-D'OR. — Hôtel de la Plage. — 119.
Saint-Lô. — * Hôtel de l'Univers. — 140.
SAINTE-MÈRE-EGLISE. — Hôtel Auvray. — 153.
SAINT-PAIR. — Hôtels des Bains; de France. — 181.
SAINT-PIERRE-EGLISE. — Hôtel du Commerce. — 148.
SAINT-PIERRE-EN-PORT. — Hôtel des Terrasses-et-de-la-Plage. — 64.
SAINT-PIERRE-SUR-DIVES. — * Hôtel du Dauphin. — 203.
SAINT-ROMAIN-DE-COLBOSC. — Hôtel du Nom-de-Jésus. — 37, **50**.
SAINT-SAUVEUR-LE-VICOMTE. — Hôtel des Voyageurs. — **152**, 154.
SAINT-VAAST-LA-HOUGUE. — Hôtel de France. — 146.
SAINT-VALERY-EN-CAUX. — Hôtel de la Plage. — 46, **67**.
SÉES. — Hôtel du Cheval-Blanc. — **27**, 201.
SOURDEVAL. — Hôtel de la Poste. — 195.
TINCHEBRAY. — Hôtel du Lion-d'Or. — 195.
TORIGNI-SUR-VIRE. — Hôtel Saint-Pierre. — 133, **142**.
TRÉPORT (Le). — Hôtel de Calais. — 77.
TROUVILLE. — * Hôtel Tivoli. — **96**, 126.
Valognes. — Hôtel du Louvre. — 151.
VASSY. — Hôtel Saint-Pierre. — 196.
VAUCOTTES. — Hôtel du Chalet-des-Pommiers. — 58.
VER. — Hôtel du Phare. — **115**, 137.
VEULES. — Hôtels des Bains; de la Place. — 45, **68**.
VEULETTES. — Hôtel de la Plage. — 66.
VIERVILLE. — Hôtel de la Plage. — 119.
VILLEDIEU-LES-POÊLES. — Hôtel du Louvre. — 133, 142, **180**.
VILLERS-SUR-MER. — Hôtels des Herbages; de France. — 101.
VILLERVILLE. — Hôtels des Parisiens; Continental. — 97.
VIMOUTIERS. — Hôtel du Soleil-d'Or. — 127.
Vire. — * Hôtel du Cheval-Blanc. — 131, 142, 180, **192**.
YPORT. — Hôtel Tougard. — 58.
Yvetot. — Hôtel des Victoires. — 46.

CAOUTCHOUC MANUFACTURÉ

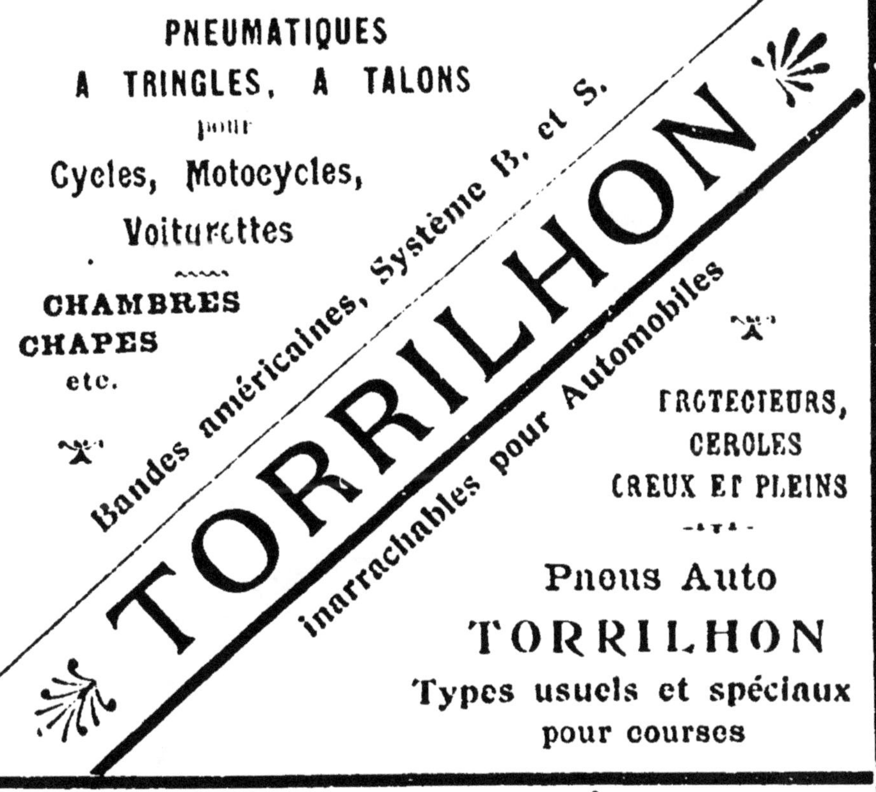

Société Anonyme des Anciens Établissements

J.-B. TORRILHON

au Capital de 4.000.000 de francs

CLERMONT-FERRAND

USINES A CHAMALIÈRES & ROYAT (Puy-de-Dôme)

MAISON DE VENTE A PARIS :

10, rue du Faubourg-Poissonnière, 10

ATELIER DES ROUES CAOUTCHOUTÉES

ET RAYONS PNEUMATIQUES AUTO ET VÉLO

24, boulevard de Villiers, à LEVALLOIS (Seine)

Paris. — Imp. V. Goupy, 71, Rue de Rennes.

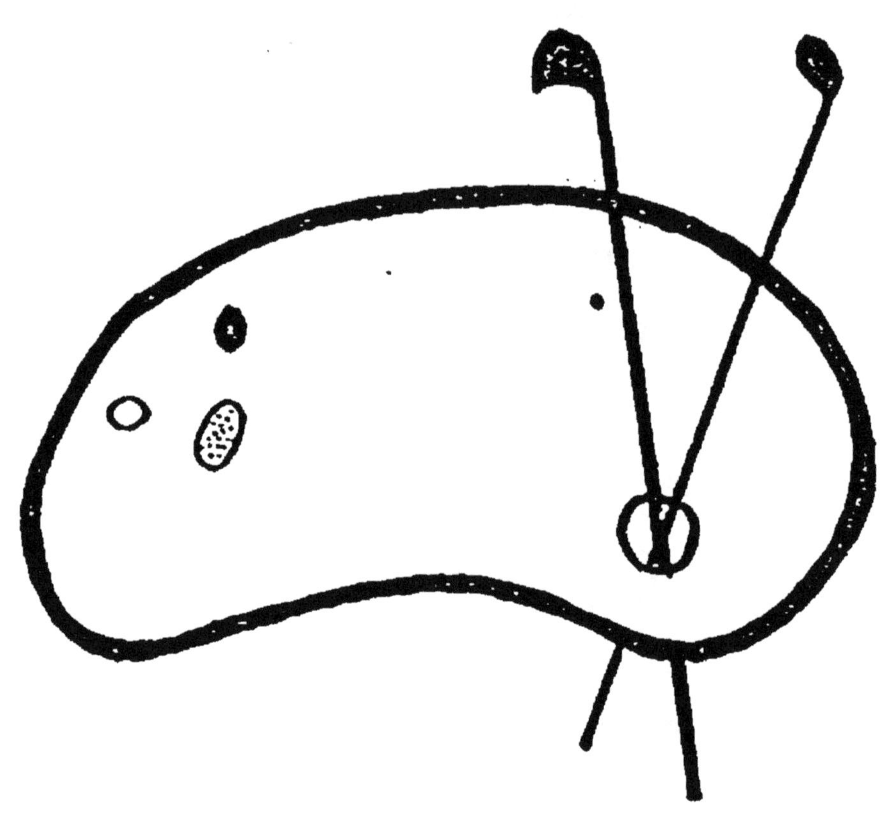

FIN D'UNE SERIE DE DOCUMENTS
EN COULEUR

GUIDES ROUTIERS RÉGIONAUX

A L'USAGE

des Cyclistes et des Automobilistes

LA NORMANDIE

PLAGES NORMANDES

PAR

A. DE BARONCELLI

Prix : 2 fr. 50

PARIS

—

EN VENTE CHEZ TOUS LES LIBRAIRES

GUIDES BARONCELLI

LES ENVIRONS DE PARIS; dans un rayon moyen de 140 kilomètres, avec les itinéraires détaillés des forêts de Rambouillet, de Fontainebleau, de Chantilly et de Compiègne, 19e édition. . . . . . **5 fr. »**

LA FRANCE, guide routier à l'usage des cyclistes et de la locomotion automobile, indicateur des distances avec annotations, contenant la nomenclature générale des routes qui relient tous les Chefs-Lieux de Département et d'Arrondissement, nouvelle édition. **5 fr. »**

LE JURA ET LA SUISSE, l'Oberland Bernois, 2e édition . . . . **2 fr. 50**

LA PROVENCE, stations hivernales et plages de la Méditerranée, la Côte-d'Azur, vallée du Var et gorges du Verdon . . . . **2 fr. 50**

LA NORMANDIE, plages normandes, 4e édit. **2 fr. 50**

LA BRETAGNE, plages bretonnes, 4e édit. **2 fr. »**

LE LITTORAL DE L'OCÉAN, stations balnéaires de Nantes à Bayonne, Alpes Vendéennes, les Landes. . . . . **2 fr. »**

L'AUVERGNE ET LES CAUSSES DES CÉVENNES, 2e édition . . . . **2 fr. »**

LE MORVAN ET LA BOURGOGNE, vallées de la Cure et du Cousin, la Côte-d'Or, 2e éd. **2 fr. »**

LE DAUPHINÉ ET LA SAVOIE, rives du lac de Genève, 3e édition . . . . **2 fr. »**

LES ARDENNES françaises et belges et **LE GRAND-DUCHÉ DE LUXEMBOURG**, 2e édition. . . . . **2 fr. »**

LES PYRÉNÉES, de Bayonne à Perpignan, 2e édition. . . . . **2 fr. »**

LES VOSGES, région française des lacs et des stations thermales, 2e édition. . . . . . **1 fr. 75**

LA TOURAINE ET L'ANJOU, châteaux des bords de la Loire, 5e édition. . . . . . **1 fr. 75**

PRÉFACE

Ayant souvent constaté combien de cyclistes et d'automobilistes, à la veille d'entreprendre une excursion un peu prolongée, sont embarrassés pour établir d'avance le plan de leur voyage et la division de leurs étapes, nous espérons pouvoir les aider en publiant un itinéraire spécial à chacune des principales régions les plus intéressantes de la France et des pays limitrophes.

C'est dans cette intention que nous présentons aujourd'hui une nouvelle édition du guide de la **Normandie,** *destinée aux touristes cyclistes et automobilistes.*

Pour permettre de rejoindre notre itinéraire en venant de n'importe quelle direction, nous l'avons tracé circulaire, de sorte que, si l'on prend comme point de départ une ville quelconque située sur son parcours, on puisse revenir à cette ville, après avoir fait le voyage entier et avoir visité l'ensemble des curiosités de la région.

Toutefois, voulant rendre l'ouvrage très portatif, nous nous contenterons de donner des renseignements concis et pratiques, uniquement en vue de la route, d'indiquer les distances exactes qui séparent les localités, de signaler les meilleurs hôtels de prix moyens (toujours se présenter avec notre guide) et enfin de partager les étapes journalières d'une façon rationnelle.

Quant aux longueurs des côtes et des espaces pavés, nous adopterons, pour les mesurer, le temps de marche à pied nécessaire pour franchir ces passages, à raison d'environ 4 ou 5 kilomètres à l'heure, aussi exprimerons-nous leur durée en minutes et en heures.

Néanmoins, beaucoup de cyclistes, légèrement chargés, pourront gravir en machine plusieurs des rampes ainsi mentionnées; la mesure du temps, pour les monter à pied, s'adressant particulièrement aux touristes peu entraînés.

Pour des descriptions plus complètes concernant les villes, les monuments et les musées, nous conseillons aux touristes de se munir du **Guide Joanne** *correspondant à la contrée qu'ils visitent.*

Le cycliste, préférant bien voir, en détail et sans fatigue, désirant séjourner quelques heures dans les localités qui offrent de l'intérêt, et voulant conserver de son excursion un souvenir durable, saura ne pas aller vite *et suivra à la lettre nos étapes; cependant, s'il se sent de force, rien ne l'empêchera de les doubler, mais nous ne saurions l'y engager, à moins qu'il se contente d'impressions fugitives, résultat inévitable d'un voyage fait trop à la hâte.*

L'automobiliste, plus rapide, n'aura qu'à réunir plusieurs de nos étapes, à la suite les unes des autres, pour compléter le trajet que sa voiture lui permet de parcourir en un jour.

TABLE MÉTHODIQUE

PLAN DU VOYAGE

ROUEN,

Jumièges, Caudebec, Lillebonne, Tancarville.

LE HAVRE.

ou **Rouen, Barentin, Yvetot, Bolbec, Le Havre,**
Etretat, Fécamp, Saint-Valery-en-Caux,
Dieppe, Le-Tréport, Mers, Eu, Dieppe,
Auffay, Saint-Victor-l'Abbaye, Clères,

ROUEN,

Pont-Audemer, Honfleur, Trouville,
Houlgate, Cabourg, Luc-sur-Mer, Courseulles,
Arromanches, Port-en-Bessin, Grandcamp, Isigny,
Carentan.

ou **Rouen, Brionne, Lisieux,**

CAEN,

Bayeux, Saint-Lô, Carentan,
Sainte-Marie-du-Mont, Quettehou,
Saint-Vaast-la-Hougue, Barfleur,

CHERBOURG.

ou **Carentan, Valognes, Cherbourg,**
Beaumont, Les Pieux, Carteret, Portbail,
Coutances, Granville, Avranches,
Le Mont-Saint-Michel,
Avranches, Brécey, Vire.

ou **Avranches, Mortain, Vire,**
Condé-sur-Noireau, Pont-d'Ouilly, Falaise,
Lisieux.

(Pour ce voyage, consulter les feuilles de la Carte de France du Ministère de la Guerre, au 200.000e, portant les nos 6, 7, 8, 13, 14, 15 et 22).

Nota. — Le cycliste venant de Paris se rendra à Rouen, soit par le chemin de fer (25 fr. 55; 17 fr. 25; 11 fr. 25), soit par la route. Dans ce dernier cas, il devra suivre l'un des deux itinéraires ci-dessous (Pour la description du trajet, *V.* les *Environs de Paris*).

DE PARIS A ROUEN

Itinéraire A. — PAR SAINT-GERMAIN-EN-LAYE, MANTES, VERNON, GAILLON ET PONT-DE-L'ARCHE.

Distance : **128** kil. **100** m.

Par **Neuilly-sur-Seine** (**2**), le rond-point de Courbevoie (**1.3**), Nanterre (**3.7**), Chatou (**2.8**), Le Pecq (**4.2**), **Saint-Germain-en-Laye** (**1** — Hôt. du *Pavillon Henry IV; du Prince-de-Galles*), Chambourcy (**5.4**), La Maladrerie-de-Poissy (**1.6**), Orgeval (**3.7**), Ecquevilly (**4.4** — Hôt. du *Grand-Cerf*), Flins (**4**), Aubergenville (**1.5**), Épône (**3**), Mézières (**1**), **Mantes** (**7** — Hôt. du *Grand-Cerf; du Rocher-de-Cancale*), Rosny (**7.3**), Rolleboise (**3**), **Bonnières** (**3.7** — Hôt. de la *Poste*), Jeufosse (**3.1**). Port-Villez (**3.6**), **Vernon** (**4.1** — Hôt. d'*Evreux*), Saint-Pierre-d'Autils (**5.4**), Le Goulet (**2**), Hablovillle (**3**), **Gaillon** (**3.8** — Hôt. du *Soleil-d'Or*), Vieux-Villez (**3.5**), Heudebouville (**4.2**), Vironvay (**2**), Saint-Etienne-du-Vauvray (**5**), Le Vaudreuil (**1**), Léry (**3**), **Pont-de-l'Arche** (**4.9** — Hôt. de *Normandie*), Igoville (**2.5**). Port-Saint-Ouen (**5.2**), Amfreville-La-Mi-Voie (**5**) et **Rouen** (**6.5** — *V.* page 19).

Itinéraire B. — PAR VERNON, LES ANDELYS, PONT-SAINT-PIERRE ET BOOS.

Distance : **131** kil. **200** m.

Par **Vernon** (**71.4** — *V.* itinéraire A), Pressagny-l'Orgueilleux (**6**), Notre-Dame-de-l'Isle (**2**), Port-Mort (**3.5**), Bouafles (**5.3**), Vézillon (**2**), **Le Petit-Andelys** (**1.9** — Hôt. *Bellevue*), La Vacherie (**1.8**), Le Thuit (**2.4**), Heuqueville (**4.8**), Amfreville (**4.3**), Pont-Saint-Pierre (**3.8**), La Neuville (**5**), **Boos** (**5.5** — Hôt. du *Cheval-Blanc*), Saint-Pierre-de-Franqueville (**2.5**), Le Mesnil-Esnard (**2**) et Rouen (**7** — *V.* page 19).

DIVISION DU TEMPS

Le voyage de la Normandie demande trente-quatre jours environ.

Dans le nombre des journées d'étapes, ne sont pas comprises plusieurs des excursions recommandées au départ des villes; ces excursions, facultatives, exigeant des journées supplémentaires.

HAUTE NORMANDIE

1er Jour. — Visite de la ville de Rouen. Déjeuner, dîner et coucher à Rouen.

2e Jour. — Dans la matinée, excursion à l'église de Bonsecours. Déjeuner à Bonsecours. Dans l'après-midi, visite des musées de Rouen. Dîner et coucher à Rouen.

3e Jour. — Départ de Rouen. Visite de l'église de Saint-Martin-de-Boscherville et des ruines de l'abbaye de Saint-Georges. Déjeuner à Duclair. Visite des ruines des abbayes de Jumièges et de Saint-Wandrille. Dîner et coucher à Caudebec.

4e Jour. — Départ de Caudebec. Déjeuner à Lillebonne. Visite du château de Tancarville. Dîner et coucher au Havre.

> ou *3e Jour.* — Départ de Rouen après le déjeuner. Dîner et coucher à Yvetot.
>
> *4e Jour.* — Départ d'Yvetot. Déjeuner à Bolbec. Dîner et coucher au Havre.

5e Jour. — Visite de la ville du Havre. Déjeuner, dîner et coucher au Havre.

6e Jour. — Départ du Havre. Déjeuner à La Hève. Plages de Saint-Jouin et de Bruneval. Arrivée à Etretat. Promenade sur la plage et dans le bourg. Dîner et coucher à Etretat.

7e Jour. — Départ d'Etretat. Plage de Vaucottes. Déjeuner à Yport. Plage de Grainval. Arrivée à Fécamp. Visite de la ville de Fécamp. Dîner et coucher à Fécamp.

8e Jour. — Départ de Fécamp. Déjeuner à Saint-Pierre-en-Port. Plages des Grandes-Dalles, des Petites-Dalles et de Veulettes. Arrivée à Saint-Valery-en-Caux. Promenade sur la plage et dans le bourg. Dîner et coucher à Saint-Valery-en-Caux.

9e Jour. — Départ de Saint-Valery-en-Caux. Déjeuner à Veules ou à Quiberville. Visite du phare d'Ailly et du manoir Ango. Plage de Pourville. Dîner et coucher à Dieppe.

10e Jour. — Dans la matinée, visite de la ville de Dieppe. Dans l'après-midi, excursion au château d'Arques. Dîner et coucher à Dieppe.

11e Jour (*facultatif*). — Départ de Dieppe. Plages de Puys et de Berneval. Déjeuner à Berneval. Arrivée au Tréport. Visite de la ville du Tréport. Dîner et coucher au Tréport.

12e Jour (*facultatif*). — Départ du Tréport. Plage de Mers. Déjeuner à Eu. Retour d'Eu à Dieppe, soit par la route, soit par le chemin de fer. Dîner et coucher à Dieppe.

13e Jour. — Départ de Dieppe. Déjeuner à Auffay. Dîner et coucher à Rouen.

BASSE NORMANDIE

14e Jour. — Départ de Rouen. Déjeuner à Bourg-Achard. Dîner et coucher à Pont-Audemer.

15e Jour. — Départ de Pont-Audemer. Déjeuner à Honfleur. Visite de la ville de Honfleur. Départ de Honfleur. Plage de Villerville. Dîner et coucher à Trouville.

16e Jour. — Visite de la ville de Trouville. Déjeuner, dîner et coucher à Trouville.

17e Jour. — Départ de Trouville, Plage de Blonville. Déjeuner à Villers-sur-Mer. Plages de Houlgate et de Beuzeval. Passage à Dives. Dîner et coucher à Cabourg.

18e Jour. — Départ de Cabourg après le déjeuner. Plages de Riva-Bella et de Lion-sur-Mer. Dîner et coucher à Luc-sur-Mer.

19e Jour. — Départ de Luc-sur-Mer. Plages de Langrune, de Saint-Aubin-sur-Mer et de Bernières-sur-Mer. Déjeuner à Courseulles. Plages de Ver, d'Asnelles et d'Arromanches. Dîner et coucher à Port-en-Bessin.

20e Jour. — Départ de Port-en-Bessin. Plages de Saint-Laurent-de-Vierville et de Grandcamp. Déjeuner à Grandcamp. Dîner et coucher à Carentan.

ou *14e Jour.* — Départ de Rouen. Déjeuner à la Maison-Brulée. Dîner et coucher à Brionne.

15e Jour. — Départ de Brionne, Déjeuner à l'Hôtellerie. Arrivée à Lisieux. Visite de la ville de Lisieux. Dîner et coucher à Lisieux.

16e Jour. — Départ de Lisieux. Déjeuner à Crèvecœur. Dîner et coucher à Caen.

17e Jour. — Visite de la ville de Caen. Déjeuner, dîner et coucher à Caen.

18e Jour. — Départ de Caen après le déjeuner. Arrivée à Bayeux. Visite de la ville de Bayeux. Dîner et coucher à Bayeux.

19e Jour. — Départ de Bayeux. Déjeuner à Balleroy. Visite du château de Balleroy. Dîner et coucher à Saint-Lô.

20e Jour. — Dans la matinée, visite de la ville de Saint-Lô. Départ de Saint-Lô après le déjeuner. Dîner et coucher à Carentan.

21e Jour. — Départ de Carentan. Déjeuner à Foucarville. Dîner et coucher à Saint-Vaast-la-Hougue.

22e Jour. — Départ de Saint-Vaast-la-Hougue. Déjeuner à Barfleur. Dîner et coucher à Cherbourg.

ou *21e Jour.* — Départ de Carentan. Déjeuner à Montebourg. Dîner et coucher à Cherbourg.

23e Jour. — Visite de la ville de Cherbourg. Déjeuner, dîner et coucher à Cherbourg.

24e Jour. — Départ de Cherbourg. Déjeuner à Omonville-la-Rogue. Visite des falaises de Jobourg. Dîner et coucher à Beaumont.

25e Jour. — Départ de Beaumont. Déjeuner à Dielette. Visite des falaises de Flamanville. Dîner et coucher aux Pieux.

26e Jour. — Départ des Pieux. Déjeuner à Carteret. Plages de Carteret et de Barneville. Dîner et coucher à Portbail.

27e Jour. — Départ de Portbail. Déjeuner à La Haye-du-Puits. Dîner et coucher à Coutances.

28e Jour. — Dans la matinée, visite de la ville de Coutances. Départ de Coutances après le déjeuner. Dîner et coucher à Granville.

29e Jour. — Dans la matinée, visite de la ville de Granville. Départ de Granville après le déjeuner. Plages de Saint-Pair, de Jullouville et de Carolles. Dîner et coucher à Avranches.

30e Jour. — Dans la matinée ou dans la soirée, visite de la ville d'Avranches. Excursion au Mont-Saint-Michel (en chemin de fer). Déjeuner au Mont-Saint-Michel. Dîner et coucher à Avranches.

31e Jour. — Départ d'Avranches. Déjeuner à Brécey. Arrivée à Vire. Dîner et coucher à Vire.

ou 31e Jour. — Départ d'Avranches après le déjeuner. Dîner et coucher à Mortain.

32e Jour. — Dans la matinée, monter à la chapelle Saint-Michel, promenade aux cascades de la Cance, visite de l'abbaye. Départ de Mortain après le déjeuner. Dîner et coucher à Vire.

32e Jour. — Dans la matinée, visite de la ville de Vire. Départ de Vire après le déjeuner. Dîner et coucher à Pont-d'Ouilly.

33e Jour. — Départ de Pont-d'Ouilly. Déjeuner à Falaise. Visite de la ville de Falaise. Excursion à la Brèche-au-Diable. Dîner et coucher à Falaise.

34e Jour. — Départ de Falaise. Déjeuner à Saint-Pierre-sur-Dives. Dîner et coucher à Lisieux.

SIGNES ET ABRÉVIATIONS

Alt.	Altitude.	Fg.	Faubourg.
Aub.	Auberge.	G.	Gauche.
Bd	Boulevard.	H.	Heure.
Ch.	Chemin.	Hab.	Habitant.
Ch.-l. d'arr.	Chef-lieu d'arrondissement.	Hôt.	Hôtel.
		Kil.	Kilomètre.
Ch.-l. de c.	Chef-lieu de canton.	M.	Mètre.
Ch.-l. de dépt	Chef-lieu de département.	Min.	Minute.
		R.	Route.
		Rest.	Restaurant.
Dr.	Droite.	V.	*Voyez.*

Les chiffres suivis du signe '
indiquent un *nombre de minutes.*
Exemple : 12', soit douze minutes.

Les chiffres, entre parenthèses, indiquent les *distances kilométriques* séparant les localités.
Exemple : **(20.6)**, soit vingt kilomètres six cents mètres.

GUIDE DE LA NORMANDIE

PREMIÈRE PARTIE

HAUTE NORMANDIE

VILLE DE ROUEN

Rouen, ancienne capitale de la Normandie, aujourd'hui chef-lieu du département de la Seine-Inférieure, port maritime considérable sur la Seine, une des villes les plus intéressantes de France, tant par son commerce que par ses monuments, compte 116.316 habitants.

Hôtels recommandés : — d'*Angleterre* (1er ordre), 7 et 8, cours *Boieldieu*; de *Paris*, 50 et 51, quai de *Paris*; du *Nord*, 91, rue de la *Grosse-Horloge*; de *France*, 99, rue des *Carmes*; de *Lisieux* (simple), 4, rue de la *Savonnerie*.

Cafés : — *Victor*, de la *Bourse*, tous deux cours *Boieldieu*; du *Commerce*, place de la *République*; café-brasserie de l'*Opéra*, 10, rue des *Charrettes*.

Restaurant : – de la *Cathédrale*, place de la *Cathédrale*.

Spécialités : — Le *sucre* et la *pâte de pommes*, en vente dans les principales confiseries.

Arrivée à Rouen. — Le cycliste, venant par le chemin de fer, arrive à Rouen par l'une des quatre gares suivantes : la *gare de la rue Verte*, ou de *la rive droite* (ligne de Paris-Le Havre); la *gare Saint-Sever*, ou de la *rive gauche* (ligne de Paris); la *gare d'Orléans* (ligne d'Elbeuf); la *gare du Nord* (ligne d'Amiens).

Des quatre gares ci-dessus, on se rend à l'hôtel du *Nord*, en suivant l'un des itinéraires ci-dessous :

1° De la *gare de la rue Verte* (**1** — Pavé : 12') : à la sortie de la gare, gravir une courte rampe à dr. ; puis, en dehors de la grille, suivre à g. la rue *Verte*. Quelques m. plus loin, parvenu à une petite place, où s'élève la *statue d'Armand Carrel*, entourée d'arbres, on tourne à dr. pour couper le b^d *Jeanne-d'Arc* et descendre ensuite la large rue *Jeanne-d'Arc*. On dépasse successivement à g. le *jardin Solférino*, puis la place *Verdrel*, où se voit, à g., une des ailes du *Palais de Justice*. Un peu plus bas, après la place, quittant la rue Jeanne-d'Arc, on prendra la première rue à g., la rue de la *Grosse-Horloge*. Dans celle-ci, immédiatement après la voûte sous la tour de la Grosse-Horloge, se trouve situé l'hôtel du *Nord*, à dr., au n° 91.

2° De la *gare Saint-Sever* (**1.3** - Pavé : 20') : à la sortie de la cour de la gare, tourner à dr. dans la rue de *Seine* qui vient aboutir au quai d'*Elbeuf*, sur le bord de la Seine. Ici, suivre le quai à g., puis, négligeant à dr. le *pont Corneille*, continuer par le quai *Saint-Sever* jusqu'au pont suivant, le *pont Boïeldieu*, qu'on traverse à dr. De l'autre côté du fleuve, croisant la ligne des quais, on montera vis-à-vis la rue *Grand-Pont* qui conduit à la place de la *Cathédrale*. Sur cette place s'ouvre à g. la rue de la *Grosse-Horloge*, à l'extrémité de laquelle se trouve situé l'hôtel du *Nord*, à g., au n° 91, immédiatement avant la voûte sous la tour de la Grosse-Horloge.

3° De la *gare d'Orléans* (**0.9** — Pavé : 12') : à la sortie de la cour de la gare, laissant sur la g. un jardinet, on traverse en biais la place *Carnot*, en se dirigeant vers le *pont Boïeldieu* qu'on franchit à g. Du pont Boïeldieu à l'hôtel du *Nord*, *V.* ci-dessus 2°.

4° De la *gare du Nord* (**1.6** — Pavé : 25') : à la sortie de la gare, tournant à g., on rejoint presque aussitôt le b^d *Gambetta*, devant la grille de la chapelle de l'*Hospice Général*. Ici, traverser le b^d, puis suivre la rue d'*Amiens*, devant soi, dans toute sa longueur. On passe entre le mur de l'Hospice, à dr., et un square, à g. ; puis, après avoir coupé la large rue *Armand-Carrel* et traversé, plus loin, la place *Eau-de-Robec*, on atteint le croisement de la rue de la *République*. Vis-à vis, l'étroite rue de la *Chaîne* prolonge la rue d'Amiens et conduit à la place des *Carmes*. A l'extrémité de cette place, se trouve la rue transversale des *Carmes* (presque en face l'hôtel de *France*, à dr., au n° 99). Tourner à g. dans la rue des Carmes et la descendre jusqu'à la place de la *Cathédrale*. Ici, à dr., s'ouvre la rue de la *Grosse-Horloge* où se trouve situé l'hôtel du *Nord*, à g., au n° 91, immédiatement avant la voûte sous la tour de la Grosse-Horloge.

Visite de la ville de Rouen. — Une journée suffit pour visiter la ville de Rouen, mais sans comprendre l'intérieur des musées et l'excursion à Bonsecours. On fera donc bien de consacrer une journée supplémentaire à Rouen; elle permettra, dans la matinée, d'aller à Bonsecours, où l'on déjeunera, et, dans l'après-midi, de visiter les musées.

Itinéraire de la matinée (environ 3 h.). — Partant de l'hôtel du *Nord*, suivre à dr. la rue de la *Grosse-Horloge*, puis tourner dans la première rue à g., la rue *Thouret*, qui conduit devant la façade principale du **Palais de Justice**, chef-d'œuvre de l'architecture gothique et de la Renaissance (pour visiter, monter l'escalier de la Cour d'appel, à dr., et s'adresser au concierge, à g. du vestibule; gratification).

Sortant du Palais de Justice, par la rue *aux Juifs*, à dr., on gagne la rue *Jeanne-d'Arc*, la plus belle de la ville, qu'on descend à g. jusqu'à l'angle de la maison portant le n° 54. Ici, s'ouvre à g. la **rue de la Grosse-Horloge**, qu'il faut prendre pour passer sous la **tour de la Grosse-Horloge**, beffroi gothique dans un des coins intéressants de la vieille cité. De l'autre côté de l'arcade : à g., aux n°s 62 et 64, se voient les vestiges de l'*ancien Hôtel de Ville*; à dr., au n° 73, dans le *passage d'Etancourt*, subsiste une curieuse cour ornée de treize grandes statues.

La rue de la Grosse-Horloge aboutit à la place de la *Cathédrale*, où croise la rue des *Carmes*, l'artère la plus animée de Rouen, devant la **Cathédrale Notre-Dame**, autre merveille de l'art gothique (pour visiter le pourtour du chœur, qui renferme des chapelles et des tombeaux remarquables, s'adresser au suisse; gratification. Pour faire l'ascension recommandée de la **tour centrale** et de la *flèche*, s'adresser au gardien, dans la *cour des Libraires*, à g. de l'église; rétribution, 2 fr., de un à quatre visiteurs).

Sortant de la cathédrale par le portail principal, on jettera un coup d'œil, de l'autre côté de la place, sur l'ancien **Bureau des Finances**, qui occupe, un peu à g., l'angle de la rue des *Carmes* et de la rue du *Petit-Salut*, mais dont les jolies façades sculptées sont en partie masquées par des magasins.

> A l'intérieur du Bureau des Finances, se trouve le siège de la *Société industrielle*, qui a réuni une exposition d'échantillons de nouveautés, de tissus et d'imprimés à un petit *musée de dessin industriel* (ouvert tous les jours, sauf le dimanche, de 10 h. à 4 h.; entrée libre).

Tournant à g. dans la rue du *Change*, on longe le côté S. de la cathédrale pour arriver à hauteur du **portail de la Calende** qui donne sur la place de la *Calende*. Ici, traverser cette place à dr. et descendre la rue de l'*Epicerie*, bordée d'anciennes *maisons* du XVI° s. Au bas de la rue de l'Epicerie, on traversera la **place de la Haute-Vieille-Tour**, très curieuse, entourée à g. par la charpente de la *Halle aux grains*, tandis qu'à dr. s'élève le bâtiment, décoré de fresques, de la *Bourse du travail*.

Un passage voûté, sous une sorte de loggia, dite le *monument de Saint-Romain*, permet de communiquer avec la place de la *Basse-Vieille-Tour*, où se tient une succursale du marché aux poissons. Prenant à g. la courte rue de la *Roquette*, on débouche, au bas de la rue de la *République*, sur la place du même nom, en face du théâtre de l'*Alhambra*. Ici, tourner à dr. et gagner le quai devant lequel s'ouvre le *pont Corneille*, ou *pont de pierre*, sur la Seine.

A g. du pont, se trouve le bureau du tramway électrique du Mesnil-Esnard, faisant le service de Bonsecours (*V.* page 26). De ce côté, sur le quai de *Paris*, à deux cents m., la *porte Guillaume-Lion* sert d'entrée à la rue des *Arpents*.

Traversant le pont Corneille, on aperçoit : à dr., le pont Boïeldieu, et, au delà, les hauts pylônes, en treillis de fer, du pont transbordeur; à g., la falaise Sainte-Catherine, en avant de la colline de Bonsecours, décore le paysage. Le milieu du pont s'appuie sur l'extrémité de l'*île Lacroix*, où un terre-plein porte à dr. la *statue de Pierre Corneille*, tandis qu'à g., la rue *Centrale* conduit dans l'intérieur de l'île (à deux cents cinquante m., café-concert des *Folies-Bergère*).

De l'autre côté du pont, sur la rive g. de la Seine, s'étend le *faubourg Saint-Sever*, quartier industriel sans intérêt; aussi, tournant à dr., on suivra le quai *Saint-Sever* pour retraverser la Seine, un peu plus bas, au *pont Boïeldieu*, ou *pont de fer*.

Au S. du faubourg Saint-Sever, à trois kil. des quais, le **Jardin des Plantes**, belle et vaste promenade, contient des écoles de botanique et d'arboriculture, des serres et des pépinières. Pour s'y rendre, prendre, à l'extrémité du pont Corneille, le tram (10 c.) qui passe près de l'*église Saint-Sever*, située au centre du faubourg.

Du pont Boïeldieu, qui sépare la navigation fluviale, en amont, de la navigation maritime, en aval, la vue, à dr., sur la pointe de l'île Lacroix, rappelle vaguement celle de l'île Jean-Jacques-Rousseau à Genève.

Revenu sur la rive dr. du fleuve, on se trouve devant l'entrée de la rue *Grand-Pont*, ouverte entre le quai de *Paris*, à dr., et le quai de la *Bourse*, à g. Faisant quelques pas devant soi dans la rue Grand-Pont, on voit : à g., la façade du *Théâtre des Arts*, tandis qu'à dr., vis-à-vis du théâtre, apparaît, au fond de la placette des *Arts*, le **logis des Caradas**, l'une des plus intéressantes vieilles habitations de la ville. A g. de la placette, la rue de la *Tuile* rejoint la rue de la *Savonnerie*, où l'on remarque, à dr., la *fontaine Lisieux*, adossée à l'hôtel de ce nom.

Revenir sur ses pas au quai de la Bourse et s'arrêter, pour déjeuner, au café-restaurant *Victor* (en été, le soir, concert sur les terrasses), à dr., le long de la façade du théâtre qui regarde la Seine.

Itinéraire de l'après-midi (environ 4 h. 1/2, la visite des musées non comprise). — Quittant le café-restaurant *Victor*, on suit à dr. le quai de la *Bourse*, dont la partie plantée d'une rangée d'arbres s'appelle *cours Boïeldieu* et est ornée de la *statue de Boïeldieu*, élevée devant l'édifice de la *Bourse*.

Parvenu à hauteur de l'immeuble portant le n° 13, on quittera la ligne des quais pour prendre à dr. la rue *Jeanne-d'Arc*.

En continuant le quai de la *Bourse*, prolongé par le quai du *Havre*, on atteint, à cinq cents m., le **Pont transbordeur**, qui relie la rive dr. de la Seine à l'extrémité O. du faubourg Saint-Sever, sur la rive g.

Des escaliers (50 c. par personne) accrochés contre des pylônes en fer, hauts de 60 m., permettent d'atteindre le tablier supérieur du pont. Sur ce tablier, long de 240 m., glisse un tracteur, actionné par l'électricité, qui entraîne la plate forme inférieure, suspendue à 50 m., destinée au transport des passagers (piétons, 5 c. et 10 c.; bicyclettes, 10 c.; motocyclettes, 15 c.; automobiles, 40 c.). Du sommet du pont, vue magnifique sur Rouen et les environs.

On suit la rue Jeanne-d'Arc seulement jusqu'au chevet de **l'église Saint-Vincent**. Ici, prendre à g. la rue *Saint-Vincent* et pénétrer dans l'église (vitraux remarquables) par le portail S., en face de la rue de la *Harenguerie*.

Sortant de l'église par la porte O. du porche principal, qui donne sur la place Saint-Vincent, on continue à dr. par la rue de la *Vicomté* (quelques *maisons* du XVe s.).

Dans la rue de la Vicomté, la courte rue *aux Ours*, à dr., ramène à la rue Jeanne-d'Arc, où l'on peut voir à dr. la **tour Saint-André**, dressée au milieu d'un petit square, près duquel a été rapportée la *façade* en bois sculpté d'une maison Renaissance.

Revenant à la rue de la Vicomté et continuant cette rue à dr., on atteint presque aussitôt la place de la *Pucelle d'Orléans*, à g., où se trouve une *fontaine* surmontée d'une statue de Jeanne d'Arc en costume de Bellone Louis XV. Sur le côté O. de la place de la Pucelle, au n° 15, s'élève **l'Hôtel de Bourgtheroulde**, aujourd'hui occupé par les bureaux du *Comptoir d'Escompte de Rouen* (entrée libre dans la cour). A l'angle g. de l'hôtel, la courte rue du *Panneret* conduit à la place *Saint-Eloi*; à g., l'église de ce nom sert aujourd'hui de *temple protestant*.

La place de la Pucelle touche au N. à la **place du Vieux-Marché**; celle-ci, aujourd'hui bien transformée et entourée de maisons banales, vit autrefois le supplice de Jeanne d'Arc; le bûcher où périt l'héroïne ayant été élevé, croit-on, vers l'endroit où se trouve actuellement la scène du *Théâtre-Français*, à g.

De la place du Vieux-Marché, se détache à l'O. la rue de *Crosne*, menant à l'*Hôtel-Dieu* qui touche à l'*église Sainte-Madeleine* (à cinq cents m.).

A l'angle N.-O. de la même place, la rue *Cauchoise* conduit à la place Cauchoise, à l'intersection des b^{ds} Cauchoise et Jeanne-d'Arc (*statue de Pouyer-Quertier*), d'où l'on peut gagner, par la rue *Saint-Gervais*, l'*église Saint-Gervais* (à neuf cents m.).

Traversant devant soi la place du Vieux-Marché, du S. au N., en laissant à dr. les débouchés des rues de la *Grosse-Horloge*, *Rollon* et *Guillaume-le-Conquérant*, on s'engagera vis-à-vis dans l'étroite rue *Sainte-Croix-des-Pelletiers* (à dr., vieille *fontaine* et vestige d'une *façade* d'église). Parvenu au croisement de la rue des *Bons-Enfants*, tourner à dr., ensuite, presque aussitôt, à g. dans la rue *Etoupée* (au n° 4, *maison* avec sculpture, représentant la Cité de Jérusalem) qui mène à la belle rue *Thiers*.

Prendre à dr. la rue Thiers, puis, ayant croisé la rue *Jeanne-d'Arc*, pénétrer en face dans le *jardin Solférino*. Au fond du jardin se trouve l'entrée du **Musée de peinture et de céramique** (ouvert tous les jours, de 10 h. à 5 h. en été, à 4 h. en hiver; le lundi, à midi; entrée gratuite les dimanches, jeudis et fêtes, les autres jours, 1 fr.).

Sortant du jardin Solférino par la grille, à dr. du musée, qui donne sur la rue Thiers, on suivra pendant quelques m. cette rue, à g., pour tourner ensuite, encore à g., dans la rue de la *Bibliothèque*. Cette dernière contourne le bâtiment du musée; un peu plus loin, elle passe devant l'*église Saint-Laurent*, convertie en magasins, et devant **l'église Saint-Godard**, à dr.

A la sortie de Saint-Godard, on regagnera la rue Jeanne-d'Arc en suivant la rue *Restout*, qui longe le côté N. du jardin Solférino. Traverser la rue Jeanne-d'Arc et, par la rue *Saint-Patrice*, vis-à-vis, aller visiter **l'église Saint-Patrice**, voisine, célèbre par ses vitraux.

De l'église Saint-Patrice, revenir à la rue Jeanne-d'Arc et la monter à g. A dr., sur un mur, à côté de la maison qui porte le n° 98 *bis*, se voit une plaque en marbre blanc, reproduisant le plan du *château fort*, bâti par Philippe-Auguste, dont il ne subsiste plus que la tour, dite de Jeanne-d'Arc, enclavée dans un pâté de maisons (*V.* page 25). Un peu plus haut, à l'extrémité de la rue Jeanne-d'Arc, tourner à dr. sur le b^{d} du même nom, en laissant à g. la *statue d'Armand Carrel*, entourée d'arbres. On suit le b^{d} jusqu'à la première rue, la rue *Bouvreuil*, qu'il faut prendre à dr.

A g. du b^{d}, la rue du *Champ-des-Oiseaux*, conduit à l'*église Saint-Romain* (à cent m.).

Dans la rue Bouvreuil se trouve à dr., au n° 65, l'entrée du jardinet qui précède la **tour-musée de Jeanne-d'Arc** (entrée gratuite; gratification au gardien). Dans cette tour, on voit un ancien puits et le cachot où la Pucelle fut enfermée vingt et un jours après avoir été menacée de la torture.

Au sortir de la tour, tourner à dr., puis monter à g. la place Bouvreuil, où commence la rue du *Cordier*, qui descend bientôt vers le croisement de la rue *Beauvoisine*. Ici, monter à g. la rue Beauvoisine, sillonnée par la ligne du tramway, jusqu'à hauteur du n° 198, où s'ouvre à dr la grille d'entrée du **Muséum d'Histoire naturelle** (public les dimanches et fêtes, de 10 h. à 5 h., à 4 h. en hiver; les autres jours, 50 c.) et du **Musée d'Antiquités** (public tous les jours, excepté le lundi et le samedi, de 10 h. à 5 h., à 4 h. en hiver), tous deux contigus et occupant un vaste bâtiment à dr.

Au delà des musées, on traverse le *square Sainte-Marie*, orné de débris d'architecture, et l'on sort par la grille opposée qui donne sur la rue de la *République*. Dans cette rue, immédiatement à g., s'élève un château d'eau monumental appelé la **fontaine Sainte-Marie**.

Descendant à dr. la rue de la République, on dépasse successivement, à g., le *petit collège de Joyeuse*, puis le *lycée Corneille*, avant d'atteindre la place de l'*Hôtel-de-Ville*.

Cette immense place, ayant au centre une *statue équestre de Napoléon Ier*, est bordée à g. par l'**Hôtel de Ville** et par l'**église Saint-Ouen**, ce dernier monument type très complet du style ogival (s'adresser au suisse pour visiter le pourtour du chœur et monter à la tour).

Sortant de Saint-Ouen par le portail principal, on tournera à g. pour se diriger vers la grille du *jardin de l'Hôtel-de-Ville*, attenante à l'église. Contre la grille, une inscription rappelle l'endroit où Jeanne d'Arc dut faire une abjuration solennelle en présence de ses juges et des habitants. Pénétrer dans le jardin, et, après avoir admiré le **portail des Marmousets**, situé sur le côté S. de l'église, revenir à la grille.

En dehors du jardin, traversant la rue à g., on prendra vis-à-vis la ruelle des *Boucheries-Saint-Ouen* qui conduit à la place voisine *Eau-de-Robec*. Ici, commence, immédiatement à g., la **rue Eau-de-Robec**, une des plus curieuses de l'ancien Rouen. Partagée en deux dans le sens de sa longueur : d'un côté, se trouve la chaussée, de l'autre, la petite rivière canalisée du Robec, d'abord couverte, puis à ciel ouvert, est bordée de vieilles habitations, dont chacune possède un pont ou une passerelle, des marches et des parapets jetés sur le cours d'eau.

On suivra la rue Eau-de-Robec, qui traverse plus loin, en biais, la place *Saint-Vivien*, et qui continue, à dr. de l'église *Saint-Vivien*, sur une longueur de six cents m. environ. Toutefois, parvenu au croisement de la rue *Edouard-Adam*, la rue Eau-de-Robec perdant son cachet, on tournera à g. pour se rendre à la place de la *Croix-de-Pierre*, décorée d'une ravissante *fontaine* Renaissance. Sur cette place, prenant, encore à g., la rue *Saint-Vivien*, on regagnera la place Saint-Vivien qu'on traversera, en obliquant à g., pour descendre ensuite la large rue *Armand-Carrel*.

Celle-ci, après avoir longé la place d'*Amiens* et coupé la rue de ce nom, mène à la place *Saint-Marc* où sont situés deux grands marchés couverts. Ici, prendre à dr. la rue *Martainville*, qui bientôt se rétrécit et passe devant l'entrée, à dr. (au n° 188), du curieux cloître ou **aître de Saint-Maclou**, ancien cimetière de la paroisse (pour visiter, s'adresser au concierge).

La rue Martainville aboutit à la place *Barthélemy*, où s'élève à g. **l'église Saint-Maclou**, délicieux spécimen du style gothique; à dr. de l'église, remarquer une charmante *maison* en bois du XVe s.

Devant la façade de l'église, on croise la rue de la *République* et l'on s'engage vis-à-vis dans l'étroite rue *Saint-Romain*, qui longe à g. le bâtiment do l'ancien *palais archiépiscopal*; on passe entre d'intéressantes vieilles demeures, à dr., et la cour dite **des Libraires**, attenante au portail N. de la cathédrale, à g.

A son extrémité, la rue Saint-Romain, tournant brusquement à g., prend le nom de rue des *Quatre-Vents* et ramène à la place de la Cathédrale. Ne pas suivre cette direction, mais traverser, à l'angle droit formé par les deux rues, le *passage de l'Hôtel de la Cour des comptes*, ouvert à dr. du *restaurant de la Cathédrale*. Ce passage conduit à la rue des *Carmes*, où, ayant tourné à dr., on peut pénétrer aussitôt à dr. dans la cour de l'immeuble moderne, portant le n° 14, au milieu duquel est enclavé l'ancien **Hôtel de la Cour des comptes**, aux belles sculptures.

La rue des Carmes, à g., ramène à la place de la *Cathédrale*, d'où par la rue de la *Grosse-Horloge*, à dr., on regagnera l'hôtel.

Excursion recommandée au départ de Rouen. — Bonsecours (2 h. 1/2 environ).

Pour faire cette excursion, le plus simple est de prendre le *tramway électrique du Mesnil-Esnard*, partant toutes les 15 min. de la station du *pont Corneille* (prix : 40 c. ou 30 c.; trajet en 20 min.). Cette ligne, qui escalade la côte Sainte-Catherine et la colline de Bonsecours, est par elle-même une véritable curiosité.

Après une première halte au coquet village de Blosseville (nombreux cafés et restaurants), le tramway s'arrête, un peu plus loin, à la halte de la rue de la *Mairie*. Ici, descendre de voiture et suivre à dr. la rue de la *Mairie*, pendant deux cents m., pour atteindre l'*église de Bonsecours*, célèbre pèlerinage.

En avant de l'église, au bord du *plateau des Aigles*, s'élève le **monument de Jeanne-d'Arc**, entouré d'un jardin (entrée, 25 c.), d'où l'on découvre une vue panoramique merveilleuse sur la vallée de la Seine et la ville de Rouen; tandis qu'à g. le cimetière de la commune étage originalement ses tombes sur le versant de la colline. Au-dessous du monument, la *chapelle de Notre-Dame-des-Soldats* recouvre une crypte.

A la sortie du jardin du monument, un ch., à g., passe devant une petite pièce d'eau et conduit, en quelques min., à la station du chemin de fer funiculaire (à dr., café-rest. du *Casino de Bonsecours*; déjeuner 2 fr. 25, dîner 2 fr. 50).

On descendra avec le funiculaire (départ toutes les 15 min.; trajet en 5 min.; prix : 25 c.) du plateau de Bonsecours au faubourg d'Eauplet où passe, tous les quarts d'heure, le tramway de la *ligne d'Amfreville-Gare d'Orléans* (prix : 15 c. ou 10 c.). Ce tramway ramène à Rouen, au *pont Boïeldieu*, en 15 min.

Pour mémoire. — De **Rouen** à **Dieppe**, *V.*, en sens inverse, l'itinéraire de la page 84.

De **Rouen** au **Havre**, par Yvetot, *V.* les itinéraires des pages 44 et 48.

De **Rouen** à **Pont-Audemer**, *V.* l'itinéraire de la page 89.

De **Rouen** à **Lisieux**, *V.* les itinéraires des pages 122 et 124.

De **Rouen** à **Alençon** (**147** kil. **600** m.), par **Brionne** (**43.1** — *V.* page 122), **Bernay** (**15** — Ch.-l. d'arr. — 8.159 hab. — Hôt. du *Lion-d'Or* — A voir : l'église Sainte-Croix, l'Abbaye, le Musée, l'église Notre-Dame-de-la-Couture), **Broglie** (**11.2** — Ch.-l. de c. — 963 hab. — Hôt. de la *Poste* — Château de la famille de Broglie), Courteille (**7.9**), Les Crables (**5.1**), Monnai (**4**), La Thibaudière (**3.3**), Saint-Evroult-de-Montfort (**8.7**), **Gacé** (**2.6** — Ch.-l. de c. — 1.740 hab. — Hôt. de l'*Etoile-d'Or*), Coulmer (**2.4**), Nonant-le-Pin (**10.5** — Hôt. de l'*Etoile*), Marmouillé (**3.8**), Chailloué (**2.3**), **Sées** (**5.3** — Ch.-l. de c. — 4.165 hab. — Hôt. du *Cheval-Blanc* — A voir : la Cathédrale; l'abbaye de la Trappe, à 34 kil. 2. *V.* ci-dessous). Vingt-Hanaps (**12.1**), Valframbert (**6**) et Alençon (**4.3** — Ch.-l. du dép[t] de l'Orne — 17.270 hab. — Hôt. du *Grand-Cerf* — Café de la *Renaissance* — A voir : l'église Notre-Dame, les restes du Château, le Musée; excursion à Saint-Céneri et à Saint-Léonard, *V.* page 28).

De **Sées** à **l'abbaye de la Trappe** (**34** kil. **200** m. ou **34** kil. **700** m.), par Gâprée (**9.5**, **Courtomer** (**5** — Ch.-l. de c. — 387 hab. — Hôt. de la *Croix-Verte*), **Moulins-la-Marche** (**10.5** — Ch.-l. de c. — 1.022 hab. — Hôt. de *France*), Saint-Aquilin-de-Corbion (**3.5**), Le Coudray (**3.2**) et l'abbaye de la Trappe (**2.5**).

Ou Moulins-la-Marche, Soligny-la-Trappe (6 — Hôt. des *Trois-Lions*) et l'abbaye de la Trappe (3.7).

D'Alençon à Saint-Céneri et à Saint-Léonard, sites réputés des Alpes Mancelles, sur les bords de la Sarthe (**35** kil. **800** m., aller et retour), par Condé-sur-Sarthe (**4**), Saint-Céneri-le-Gérei (**9.5** — 242 hab. — Hôt. *Legangneux*), Saint-Léonard-des-Bois (**5.5** — 1.212 hab. — Hôt. du *Cheval-Blanc*), Moulins-le-Carbonnel (**6**), Heloup (**3.8**), Saint-Germain-des-Corbeis (**4.5**) et Alençon (**2.5**).

DE ROUEN A CAUDEBEC

Par Canteleu, Saint-Martin-de-Boscherville, Duclair, Yainville, Jumièges, Yainville, Saint-Wandrille-la-Chaussée, Caudebecquet, Saint-Wandrille et Caudebecquet.

Distance : **45** kil. **700** m. *Côtes :* **1** h. **10** min.
Pavé : **34** min.

Nota. — Cet itinéraire et le suivant (*V.* page 34), tous deux très pittoresques, offrent des vues splendides sur la vallée de la Seine qu'ils longent en partie. Permettant de visiter, entre Rouen et Le Havre, les ruines des célèbres abbayes de Saint-Martin-de-Boscherville, de Jumièges, et de Saint-Wandrille, ainsi que le château de Tancarville, ils seront choisis de préférence à la route nationale, par Yvetot (*V.* les itinéraires des pages 44 et 48).

Sur la route de Rouen à Caudebec, une seule forte rampe, longue de deux kil. trois cents m., précède Canteleu; les autres côtes du parcours sont insignifiantes.

Pour l'emploi de chaque journée, se reporter à la *Division du Temps*, page XV.

Au départ de l'hôtel du *Nord*, passer à g. sous la voûte de la tour de la Grosse-Horloge pour gagner la rue *Jeanne-d'Arc* qu'on descendra à g. (Pavé : 30'). Parvenu aux quais (**0.5**), tourner à dr. et suivre successivement les quais de la *Bourse*, du *Havre* et *Gaston-Boulet*, ensuite la belle avenue ombragée du *Mont-Riboudet*, où le pavage cesse à la hauteur du n° 65.

Plus loin, à un carrefour, près de la *chapelle du Sacré-Cœur* (**2**), on abandonne l'avenue, qui gravit le Mont-Riboudet, et l'on continue à g., avec la ligne du tramway, par la *route du Havre*. Celle-ci, bordée d'un bas-côté droit macadamisé, atteint bientôt une petite place ronde sur laquelle est situé le **bureau de l'octroi** (**0.5** — Pavé 1').

Ici, quittant la r. nationale du Havre, par Maromme et Yvetot (*V.* page 44), suivre à g. la r. départementale du Havre, par Canteleu et Caudebec. On passe entre le *vélodrome*, à dr., et les prairies qu'arrose la *Seine*, à g., tandis qu'à l'horizon, dans cette dernière direction, les minces cheminées des usines du Petit-Quevilly pointent vers le ciel. Plus loin, ayant franchi le pont sur la rivière du *Cailly*, on arrive au pied de la *côte de Canteleu* (**0.7**), où se détache à g. le ch. de Saint-Martin-de-Boscherville, par Croisset.

Ce ravissant ch. suit la courbe de la grande boucle de la Seine autour du promontoire que couvre la *forêt de Roumare*. Tracé à la base des falaises, il côtoie le fleuve jusqu'au village d'Hautot, puis s'écarte de la Seine dont il reste séparé par une large bande de prairies. Successivement on traverse les localités de Croisset (**3.5**), Dieppedalle (**0.5**), Biessard (**3**), le Val-de-la-Haye (**4.5**), Hautot (**2**), Sahurs (**3**), Saint-Pierre-de-Manneville (**4.5**), Quevillon (**3.3**), avant de rejoindre la r. de Caudebec, au village de Saint-Martin-de-Boscherville (**4.5** — *V.* page 30).

La r. départementale gravit la côte, longue de deux kil. trois cents m. (35'), et s'élève sur le flanc d'une pittoresque colline boisée d'où l'on découvre un magnifique panorama de la ville de Rouen et de la vallée de la Seine.

Après le bourg de Canteleu (**2.1** — Hôt. de la *Belle-Vue*), situé au sommet de la montée, commence une descente douce à travers la belle *forêt de Roumare* (arbres superbes) qui verdit le plateau. Au pittoresque carrefour du *Rond du Chêne-à-Leu*, une avenue, percée à dr., permet d'apercevoir le *château de Montigny*. Un kil. plus loin, la descente, en lacets, devient très rapide et l'on sort de la forêt en arrivant à Saint-Martin-de-Boscherville (**5.1**) où l'on retrouve la vallée.

Dans le village, au bas de la pente, tourner à g. sur le ch. de communication n° 67 conduisant à la place de l'*Eglise* (**0.2**).

Attenants à l'église de Saint-Martin, un des plus beaux types de l'architecture romane, se trouvent les magnifiques restes de l'**abbaye de Saint-Georges-de-Boscherville**, fondée vers 1.050 par Raoul de Tancarville, chambellan de Guillaume le Conquérant. Pour visiter le *cloître* et la *salle capitulaire*, s'adresser au gardien dans la maison à dr. du portail de l'église (gratification).

De l'église, revenant sur ses pas, on prendra le premier bon ch. à g.; puis, ayant tourné encore à g., on rejoindra (**1.6**), au hameau de La Carrière, la r. de Caudebec.

Dépassé le hameau de La Fontaine (**1.5**), la r., au pied des hautes falaises crayeuses, côtoie la Seine jusqu'au bourg de **Duclair** (**3.3** — Ch.-l. de c. — 2.039 hab. — Hôt. de la *Poste* — Belle église), situé à l'orée du vallon de l'*Austreberthe* par où débouche la r. de Barentin (10).

A la sortie de Duclair, au hameau de Bouillon (**0.4**), négligeant à g. le ch. médiocre de Jumièges (12.9), par Le Mesnil (8.4), qui longe le fleuve jusqu'au bac du Mesnil, on continuera de préférence à dr. par la r. de Caudebec. Celle-ci s'éloigne de la Seine, monte pendant cinq cents m. (4'), puis descend pour passer au hameau de Saint-Paul, ensuite devant le beau *château du Taillis* (**1.8**), de style Renaissance, précédé d'une avenue majestueuse; à dr., la *forêt du Trait* couronne la colline.

Parvenu à hauteur de la *borne 21.3*, voisine d'une maison isolée, abandonner (**2.2**) la r. de Caudebec et tourner à g. sur le ch. de Jumièges.

Celui-ci, longeant un gracieux vallon boisé, à g., s'élève pendant huit cents m. (10'), et dépasse l'église de Yainville (**0.5**). Après avoir traversé un petit plateau, on ne tarde pas à descendre rapidement vers le bourg de Jumièges (**2.7** — Hôt. de l'*Abbaye* — Curieuse église).

A hauteur de la *borne 53.1*, se trouve la grille d'entrée de la propriété de Mᵉ Eric Lepel-Cointet, dont le parc renferme les ruines grandioses de la célèbre **abbaye de Jumièges** (pour visiter, sonner à la grille; gratification au concierge qui accompagne).

L'abbaye de Jumièges, fondée en l'an 655 par saint Philibert, fut souvent habitée par les rois de France qui y possédaient droit de gite.

De Jumièges au hameau de Saint-Wandrille-la-Chaussée (*V.* page 32), on a le choix entre deux itinéraires : l'un traverse deux fois la Seine aux passages des bacs de Jumièges et de Guerbaville, l'autre ramène vers Yainville où l'on retrouve la r. de Caudebec. Les cyclistes pourront suivre de préférence le premier de ces itinéraires, les automobilistes le second.

Si l'on veut aller par Guerbaville, après avoir visité les ruines, on continue à descendre la r. à g. Celle-ci passe devant l'ancienne entrée de l'abbaye, ensuite aboutit, au delà d'une bande de prairies, au *passage*, sur le bord du fleuve (**1.2**). Ici, prendre le bac (15 c. par personne; bicyclette, 10 c.; automobile à deux places, 50 c., à plus de deux places, 75 c.) et traverser la Seine.

Ayant débarqué sur la rive g., on gravit aussitôt une longue rampe de quinze cents m. (35'), tracée sur la lisière de la *forêt de Brotonne*, remarquable par la beauté de ses massifs de hêtres; vue magnifique.

Au faîte de la côte, on rejoint (**1.4**) la r. de Bourg-Achard (9.8) à Guerbaville; tourner à dr. dans cette dernière direction. Descente douce; deux kil. plus loin, à la sortie de la forêt, la pente s'accentue rapide vers Guerbaville-la-Mailleraye (**5**), localité que précède une courte montée.

Tourner à dr. dans le village pour descendre à l'accotement du bac à vapeur (**0.2** — passage toutes les heures; même tarif qu'au bac de Jumièges) et franchir de nouveau la Seine.

Revenu sur la rive dr. du fleuve, on trouve une petite r. plate qui vient rejoindre, après le passage à niveau du ch. de fer et un raidillon (2'), au hameau de Saint-Wandrille-la-Chaussée (**1.7**), la r. de Caudebec qu'il faut suivre à g. (*V.* page 32).

Si l'on veut éviter les deux traversées de la Seine (*V.* ci-dessus), de Jumièges, on reviendra sur ses pas au village de Yainville (**2.7**) pour regagner ensuite la r. de Caudebec qu'on prendra à g. (**0.5**). Celle-ci, laissant à g. (**0.2**) un ch. vers La Mailleraye (4.6), et, à dr., le ch. de Sainte-Marguerite-sur-Duclair (7.1), gravit une côte dure de quatre cents m. (5'), puis court parallèle à la ligne du ch. de fer, au pied des coteaux que boise la *forêt du Trait*. On passe au village du Trait (**1.6**), qui domine la Seine, un instant rapprochée à g.

La r., légèrement ondulée, descend, puis monte tour à tour; elle traverse (**2.2**) la voie ferrée, ensuite croise (**1.2**) un autre ch. de La Mailléraye (2.8) à Epinay (1.8). Cinq cents m. plus loin, au hameau de Saint-Wandrille-la-Chaussée (**0.5**), on rejoint le ch. venant à g. du passage du bac de Guerbaville-la-Mailleraye (*V.* page 31).

La r. s'élève progressivement (Côtes : 5', 3' et 2') à mi-colline, découvrant des magnifiques points de vue sur la vallée et le fleuve; ensuite une descente mène, près des maisons du hameau de Caudebecquet, voisines d'une halte du ch. de fer, à l'embranchement (**3.1**) du ch. de Saint-Wandrille.

Le ch. de Saint-Wandrille, qu'il faut suivre à dr., si l'on désire se rendre à l'abbaye de ce nom, remonte quelque temps (6') la rive g. de la verdoyante vallée du *Brebec*, puis infléchit à dr. dans le délicieux vallon du *Rançon* pour atteindre le petit village de Saint-Wandrille (**1.3**). Ici, on passe devant l'*église paroissiale* (belle chapelle du XIIIe s.), à g., et, laissant à dr. le ch. de Sainte-Marguerite-sur-Duclair (6.7), ainsi que deux auberges, on arrive vis-à-vis le portail grillé de la célèbre abbaye.

Pour visiter l'**abbaye de Saint-Wandrille,** dite aussi de *Fontanelle*, (ouverte tous les jours de 9 h. à midi et de 2 h. à 5 h.), descendre la ruelle à g. de l'entrée principale et sonner à la petite porte latérale (gratification au gardien qui accompagne).

L'abbaye, fondée vers 648 par saint Wandrille, est composée de vastes bâtiments, d'aspect imposant, au milieu desquels on remarque plus particulièrement le *cloître*, la *salle de réfectoire* et les restes de l'ancienne *église*.

De Saint-Wandrille, redescendre au hameau de Caudebecquet (**1.3**) où l'on reprend la r. de Caudebec, à dr. Celle-ci, toute droite, traverse le Brebec, qui arrose une vallée tapissée de prairies, puis laisse à dr. (**O.1**) un ch. vers Yvetot (12.7). On suit la ligne du ch. de fer et l'on arrive bientôt, à hauteur de la *gare terminus*, à l'entrée de **Caudebec** (**1.1** — Ch.-l. de c. — 2.416 hab.), petite ville, ancienne capitale du pays de Caux, offrant un agréable séjour de villégiature sur la rive de la Seine, animée par le passage des navires qui se dirigent vers Rouen ou Le Havre.

De la gare, les cyclistes pourraient suivre, au bord du fleuve, un étroit ch., en partie recailleux (faire attention) qui conduit jusqu'au *Quai* (*V.* ci-dessous), tandis que les automobilistes devront continuer par la rue *Henri-Bailleul*. Celle-ci aboutit à la place de l'*Orme* où l'on abandonne la rue de la *République*, devant soi (direction d'Yvetot), pour appuyer à g. et gagner le Quai (Pavé : 3'), large promenade dont l'extrémité O. est plantée de superbes arbres. A peu près au milieu du quai, se trouvent à dr. les hôtels de la *Marine* (1er ordre) et du *Havre* (**O.7** — Cafés aux hôtels).

Visite de la ville de Caudebec (environ 1 h.). — A la sortie de l'hôtel, s'ouvre à dr., sur le quai, la rue de la *Poissonnerie*, prolongée, au delà de la curieuse rue transversale de la *Cordonnerie*, par la rue étranglée des *Belles-Femmes*.

La rue des Belles-Femmes passe près de la place d'*Armes*, à g. (ancienne *chapelle*), et vient aboutir à la place de l'*Eglise* (vieilles *maisons*) où s'élève l'**église Notre-Dame**, chef-d'œuvre d'architecture gothique. Entrant dans l'édifice par la porte S., latérale à la tour, on en sortira par le portail principal pour suivre aussitôt à dr. la *Grande-Rue* (intéressante *maison* au n° 51) qui longe le flanc N. de l'église.

Plus loin, dépassant la pittoresque rue de la *Boucherie*, à dr., on prendra la rue suivante, la rue des *Halles*, encore à dr., bordée d'anciennes *maisons*. Dans la rue des Halles, la première courte rue à dr. ramène à la rue de la Boucherie qu'il faut suivre à g. pour gagner la rue transversale de la Cordonnerie, dans un quartier d'aspect très moyenâgeux. La rue de la Cordonnerie, à g., aboutit à la place voisine de la *Rive*. Sur cette place, on reprend à g. l'extrémité opposée de la rue des *Halles*, et, parvenu au milieu de celle-ci, on tournera à dr. sur la place des Halles qui touche à l'E. la r. d'Yvetot. Ici, la rue de l'*Hôtel-de-Ville*, à dr., coupe plus bas la rue également curieuse de la *Vicomté* (à g., dans l'Hôtel de Ville, petit *musée*, ouvert le dimanche, de 2 h. à 3 h.) et ramène au *quai*, devant le *marché* couvert, un peu en aval du passage du *bac* à vapeur.

Caudebec attire tous les ans, principalement aux mois d'avril et d'octobre, des milliers de touristes qui viennent assister au **Mascaret**. Ce phénomène, occasionné par le flux de la mer, à l'époque des grandes marées d'équinoxe, produit une immense vague, haute de 4 m., qui barre le fleuve dans toute sa largeur et s'avance à une vitesse impressionnante, en venant battre les quais avec la plus grande violence.

Pour mémoire. — De Caudebec à Yvetot (V. page 46), **11** kil. **500** m.

DE CAUDEBEC AU HAVRE

Par Villequier, La Norville, Saint-Georges-de-Gravenchon, Le Mesnil, Lillebonne, Tancarville, Harfleur et Graville.

Distance : **55** kil. **600** m. *Côtes :* **28** min.
Pavé : **14** min.

Nota. — La route départementale de Rouen au Havre, entre Caudebec et Lillebonne, dite *du haut*, qui raccourcit de deux kil. et demi, passe par La Croix-Blanche (**2.5**), Saint-Arnoult (**2.5**), Anquetierville (**3**), Auberville (**2.5**), La Frenaye (**2**) et Lillebonne (**4**). Elle présente au départ de Caudebec une côte, longue de trois kil., puis traverse un plateau banal avant de descendre rapidement, pendant trois autres kil., vers Lillebonne.

Le chemin, dit du *bas*, par Villequier et Saint-Georges-de-Gravenchon, plus pittoresque, sera suivi de préférence ; toutefois l'étroitesse et les sinuosités de ce chemin, entre Caudebec et Villequier, devront rendre prudents les cyclistes et les automobilistes. Une seule côte un peu dure, d'un kil., précède La Norville. Belle descente de deux kil. entre Saint-Georges-de-Gravenchon et Le Mesnil.

Sortant de l'hôtel, suivre le *Quai* à dr. (Pavé : 2'). Parvenus à son extrémité, les cyclistes pourraient longer à g. la rive du fleuve (faire attention), en suivant un étroit ch. qui rejoint la r., en dehors de Caudebec, devant le *château* (*V.* ci-dessous); tandis que les automobilistes, tournant à dr. dans la rue *Saint-François*, trouveront, vingt-cinq mètres plus loin, le ch. de Villequier, qui se détache à g. (**0.2**) de la r. départementale.

Le ch. de Villequier, resserré au début entre des murs, dépasse l'*hospice* pour déboucher, aux dernières maisons de la ville, sur le bord de la Seine, devant le petit *château* de Caudebec.

Après une courte montée (2'), on s'élève doucement sous bois, puis une descente rapide mène au pied de l'énorme mur de soutènement de la terrasse du *château de la Martinière* (**1.9**). A partir d'ici jusqu'à Villequier, le ch., ravissant, véritable allée, sinue, sous un berceau de verdure, entre le fleuve et la base de hautes collines boisées qu'entrecoupent de pittoresques falaises.

A l'entrée du village de Villequier (séjour de villégiature), délicieusement situé à la naissance de coteaux ombragés, suivre la r., meilleure, à dr. Elle monte légèrement et traverse, dans le haut de la localité (**2.1**), la rue qui va de l'église au quai.

Cette rue, à dr., mène à l'*église*, qui possède de magnifiques *verrières*; à g., elle conduit à l'étroit *quai* (vue charmante de la Seine; bac), au bord duquel sont les hôtels de *France* et de la *Marine*.

Le ch. continue à longer de belles falaises, en partie recouvertes de bois, puis, deux kil. plus loin, s'éloignant du fleuve, traverse un taillis; ensuite de vastes herbages s'étendent à g. du ch. qui, bientôt, attaque la côte de La Norville, longue d'un kil. (10'). Arrivé au faite de la montée, continuer à dr. pour passer au carrefour où se trouve la *mairie* de La Norville (**5.3**), en laissant sur la g. la jolie église de ce village, ainsi que le ch. plus long de Saint-Georges-de-Gravenchon (7.2), par Petitville.

On parcourt un plateau légèrement ondulé (descente, puis montée : 3'), parsemé de quelques bouquets d'arbres; à g., apparait le clocher de Saint-Maurice-d'Etelan.

Après le carrefour de Petitville-les-18-acres (**2.7**), au croisement du ch. d'Alvimare (17) à Vieux-Port (7), on descend doucement sur la lisière d'un petit bois.

Une montée (3') précède le hameau de Saint-Georges-de-Gravenchon (**2.2**), où vient rejoindre à g. le ch. de La Norville (7.2), par Petitville (*V.* page 35).

Un peu plus loin, on franchit un joli ruisselet avant de couper, à la sortie du hameau, le ch. de la station d'Alvimare (15) à Port-Jérôme (2.9).

Après une plaine, variée d'aspect, commence la belle descente, à flanc du coteau, qui conduit dans la fraîche vallée de la rivière de *Bolbec*, dite, en aval, rivière du *Commerce*. Au bas de la pente, on rejoint, au-dessous de la *chapelle* du Mesnil (**3.5**), la r. venant à g. de Pont-Audemer, par Quillebeuf et Port-Jérôme (*V.* ci-dessous).

Continuant tout droit, bientôt on atteint les premières maisons de **Lillebonne** (Ch.-l. de c. — 6.425 hab.), bourg industriel, pittoresquement situé à la rencontre de plusieurs vallons, environnés de coteaux boisés.

La rue de la *République* passe devant une grande filature, à g.; plus loin, elle longe la cour de l'hôtel de *France*, à dr., où l'on s'arrêtera pour déjeuner (**1.2**).

Visite de la ville de Lillebonne (environ 1 h.). — Immédiatement après l'hôtel de *France*, se présente un carrefour de rues. En suivant à dr. la rue *Victor-Hugo* on arrive, presque aussitôt, à la place *Félix-Faure*, bordée à g. par l'*Hôtel de Ville* qui fait face aux magnifiques ruines du **Théâtre Romain**.

Un peu plus haut, dans la rue Victor-Hugo, se trouve à g. l'entrée du parc (propriété particulière; s'adresser au concierge) dans lequel on peut voir les ruines d'un **Château**, fondé par Guillaume le Bâtard; beau *donjon* entouré d'un fossé et surmonté d'une plate-forme d'où l'on découvre une belle vue sur la ville, au nœud de cinq ravissants vallons (demander la clef au *château moderne*).

Du château, revenir vers l'hôtel et prendre à dr. la rue *Léon-Gambetta*. Celle-ci mène à la place *Sadi-Carnot* où s'élève l'**église Notre-Dame** qui possède un portail et un clocher gothiques intéressants.

Pour mémoire. — De **Lillebonne** à **Bolbec** (**8** kil.), par Le Becquet (**2.5**), Gruchet-le-Valasse (**3.5**) et Bolbec (**2** — *V.* page 49).

De **Lillebonne** à **Pont-Audemer** (**19** kil. **500** m.), par Le Mesnil (**1.2**), Port-Jérôme (**4**), **Quillebeuf** (Ch.-l. de c. — 1.265 hab. — Hôt. d'*Angleterre* — Église curieuse), Sainte-Opportune (**6.3**) et Pont-Audemer (**8** — *V.* page 92).

Sur le parcours de Lillebonne à Pont-Audemer on traverse la Seine, en bac à vapeur, entre Port-Jérôme et Quillebeuf 30 c. par personne; bicyclette, 10 c.; voiture automobile 50 ou 75 suivant le nombre de places).

De Lillebonne à Harfleur, on peut aussi choisir entre deux itinéraires. La r. du *haut*, continuation de la r. départementale de Rouen au Havre, plus courte d'un kil. et demi, passe par La Remuée (**11.5**) et **Saint-Romain-de-Colbosc** (**4**), où l'on rejoint la r. nationale de Rouen au Havre. Cet itinéraire présente une côte de trois kil., à la sortie de Lillebonne, puis parcourt un large plateau sur lequel de nombreux hameaux é helonnent sans discontinuité leurs habitations tout le long d la r. De Saint-Romain-de-Colbosc à Harfleur (**12.2**), *V.* page

Le ch. du *bas*, par Tancarville, décrit ci-dessous, es éférable.

Au delà de l'hôtel de *France*, laissant de t sol la rue *Léon-Gambetta*, qui conduit au centre la ville, on descendra à g. la rue *Pasteur*. Celle-ci rej nt (**0.1**) la r. de Tancarville, allée de tilleuls sur la ielle on tourne à g. pour traverser la riviérette de B ec.

La r., plate, qui décrit une vaste courbe, à base de collines verdoyantes, passe au hameau de adicatel (**3.7**). en longeant les grasses prairies qu rrose la rivière du *Commerce*, et conduit directemen à la bifurcation (**3.3**) du ch. de Saint-Romain 10.9). Ce dernier s'ouvre à dr., à l'entrée d'un étroi et pittoresque vallon, au pied même d'une falaise que couronnent les ruines imposantes de l'ancien *teau de Tancarville*, à côté du *château neuf*, moder .

Si l'on désire visiter le **château de Tancarv e** (35' — très intéressant), on laissera sa machine en garde au *dé de tabac*, voisin, et l'on suivra à pied, à dr., le ch. de Saint-Ro . Après la seconde maison à g., pénétrer dans l'enclos qui end du château, en poussant une barrière en bois, et gravir à le sentier escarpé, montant en zigzag sous bois, jusqu'à trée du château neuf, aujourd'hui propriété de M. le comte de mbertye (pour visiter, s'adresser au concierge; gratification).

La forteresse féodale, construite vers le milieu du xe s., appartient à Raoul de Tancarville, le chambellan du duc de Normandie Guillaume le Conquérant et le fondateur de l'abbaye de Saint-Georges-de-Boscherville (*V.* page 30). De la *grande terrasse*, on a une vue merveilleuse sur la vallée de la Seine dans la direction de Quillebeuf.

Au delà de la bifurcation du ch. de Saint-Romain, la r. d'Harfleur, ou de la *falaise*, contournant la *pointe de Tancarville*, passe devant l'entrée du *canal de Tancarville* (**1.3** — à g., café-rest. de la *Marine*), long de vingt-cinq kil., qui relie le chenal endigué de la Seine au *bassin de l'Eure*, au Havre.

A partir d'ici, l'horizon s'élargit et la rive g. du fleuve se perd dans le lointain. On s'éloigne de la Seine qu'on quitte de vue. La r., tracée à la base de hautes parois calcaires, suit de capricieux contours et ne présente plus, jusqu'à Harfleur, qu'un caractère de désespérante monotonie; plate, sans une ondulation, elle longe à g. d'immenses pâturages, où paît un nombreux bétail, et ne rencontre sur tout le parcours que de rares maisons, quelques granges à fourrages et des postes de douaniers, très distancés les uns des autres.

Successivement on dépasse le débit *Au Rendez-vous des Herbagers* (**10**), puis les ch. de (**1.8**) Saint-Vigor (3), de (**3**) Saint-Romain (8.6) et de (**1.3**) Saint-Laurent, tous trois, à dr., à l'issue d'étroits vallons encaissés.

La r. court au pied de la falaise blanche, taillée à pic, qui porte la terrasse du *château d'Orcher* (**1.5** — *V.* page 51), avant d'atteindre **Harfleur** (**3.1** — 2.310 hab. — Hôt.-rest. du *Trianon*), petite ville située au débouché d'une vallée fertile.

A l'entrée de la localité, on longe à dr. une grande place-promenade, plantée d'arbres, entourant la *statue de Jean de Grouchy*; puis, par la rue *Jean-de-Grouchy*, on gagne la petite place *Victor-Hugo*.

Sur la place Victor-Hugo, la *Rue des 104*, à dr., conduit à l'*église*, dominée par une magnifique tour que surmonte une flèche remarquable.

De l'autre côté de la place Victor-Hugo, on traverse la rivière de la *Lézarde*, et, par la rue *Gambetta*, vis-à-vis du pont (ou par la ruelle de l'*Eure*, à g.), on rejoint (**0.2**) la rue de la *République* sur la r. nationale de Rouen au Havre.

Pour mémoire. — De **Harfleur** à **Fécamp** (**36** kil.), par **Montivilliers** (**5** — Ch.-l. de c. — 5.491 hab. — Hôt. *Fontaine* — A voir : l'église), Epouville (**3**), Le Coudray (**6.5**),

Goderville (8 — Ch.-l. de c. — 1.404 hab. — Hôt. de l'*Europe*), Epreville (**7**) et Fécamp (**6.5** — *V*. page 59).

Suivant la rue de la République, à g. (Pavé : 3'), on sort de Harfleur et l'on atteint, cent cinquante m. au delà du pavage, la bifurcation (**0.5**) de la r. de l'Heure, à g.

Ici, on a le choix entre deux itinéraires pour se rendre au Havre : soit qu'on passe par la ferme de Soquence, soit qu'on continue par la r. nationale et Graville.

Si l'on choisit l'itinéraire par la ferme de Soquence, on prend à g. la r. de l'Heure, belle avenue bordée de peupliers, qu'on abandonne, cent m. plus loin, pour s'engager à dr. sur le ch. du Havre. Celui-ci, absolument plat, tout droit, longe le petit *canal de Vauban*, à g., et la *ligne du Havre*, à dr. On passe près de la *ferme de Soquence* (**1.8**), à g.; puis le ch., prenant le nom de b[d] de *Harfleur*, aboutit à l'entrée du **Havre** (**2.8**), vis-à-vis l'extrémité E. du *bassin Vauban*, où stationnent les navires charbonniers. A cet endroit, coupant la rue *Jean-Jacques-Rousseau*, et, inclinant à dr., on suivra la ligne du tramway, dans la rue *Charles-Laffitte* (Pavé : 4'), pour aller déboucher, près de la *gare*, sur le cours transversal de la *République*.

Devant la gare, prendre le b[d] de *Strasbourg*, et, après avoir dépassé à g. les *casernes Kléber* et *Eblé*, tourner à g. dans la rue du *Bocage-de-Blèville*, puis de suite à dr. dans la rue de la *Bourse*. Cette longue rue traverse la place *Carnot*, devant le palais de la *Bourse* (Pavé : 1'), et conduit à la place de l'*Hôtel-de-Ville* où se trouve un grand *square* à dr. Parvenu devant l'entrée centrale du square, tourner à g. dans la rue de *Paris* (Pavé : 5') reliant à la place *Gambetta* (**2.3**), située dans le voisinage des hôtels recommandés (*V*. page 41).

La r. nationale s'élève assez longuement (10'), puis descend en pente douce vers Graville-Sainte-Honorine (**2**), localité qui peut déjà être considérée comme un faubourg du Havre.

A l'entrée de Graville, à l'angle de la maison portant le n° 261, se détache à dr. la rue escarpée qui conduit à l'*église*, jadis *ancienne abbaye*, bâtie à flanc du coteau et précédée d'un long escalier. Un pittoresque cimetière, dont une vieille croix moussue servit, dit-on, de modèle pour celle qui figure au décor du 3e acte de l'opéra de *Robert-le-Diable*, entoure l'église. A dr. du porche, une porte communique avec la cour du presbytere, formant terrasse (vue magnifique sur la vallée de la Seine et Le Havre). Le couloir, ouvert sous le presbytère, relie cette cour à la partie E. du cimetière, au fond duquel on remarque dans un enclos, à dr., la statue colossale en bronze, dite la *Vierge Noire*, élevée par les Havrais à *Notre-Dame du Havre-de-Grâce.*

Dépassé la *mairie* de Graville, on roule sur le bas-côté de la r. (Pavé : 3') jusqu'à l'*octroi* du **Havre** (**1.5** — Ch.-l. d'arr. — 130.196 hab., 3e port de commerce de France, ville agréable et remplie de mouvement), où commence l'interminable rue de *Normandie.* Ici, deux itinéraires d'égale longueur se présentent pour se rendre au centre de la ville :

Le premier itinéraire, direct mais longuement pavé (35'), suit la ligne du tramway et continue par la rue de *Normandie* jusqu'au *rond-point,* sorte de place, ornée d'une horloge centrale à trois cadrans. Du rond-point, le cours de la *République,* à g., mène à la *gare* où l'on prend à dr. le bd de *Strasbourg.* Parvenu à la place de l'*Hôtel-de-Ville,* on contourne le square, d'abord à g., puis à dr., pour tourner ensuite à g., devant l'entrée du square, dans la rue de *Paris.* Celle-ci aboutit, quelques m. plus loin, à la place *Gambetta* (*V.* page 41).

Le second itinéraire, plus compliqué mais macadamisé, abandonne la rue de *Normandie,* à l'octroi du Havre, et descend à g. le bd de *Graville.* Sur ce bd, on prend la première rue à dr., la rue *Massillon,* qu'il faut suivre dans toute sa longueur. Parvenu au chevet de l'*église Sainte-Marie,* sur la place du même nom, on contourne à g. l'église; puis, par la rue *Hélène,* prolongement de la rue Massillon, on atteint le cours de la *République.*

Tournant à g. sur ce cours, on le suivra (Pavé : 1') pendant une cinquantaine de m. jusqu'à hauteur du *cercle Franklin,* entouré d'un square, à dr. Ici, abandonner le cours de la République et prendre, à g. du cercle, la rue *Dumé-d'Aplemont* qui débouche à la rue *Tourville.* Tourner à g. dans cette rue, puis, aussitôt à dr., dans la rue *Bonvoisin.* Cette dernière va rejoindre la rue *Lesueur* où l'on tourne, d'abord à g., ensuite à dr., pour s'engager dans la longue rue du *Lycée.*

La rue du Lycée vient aboutir à la rue *Thiers,* dans le quartier central du Havre. Tournant à g., on croise immédiatement la rue *Jules-Lecesne* et le bd de *Stras-*

bourg, en laissant à dr. le vaste édifice de l'*Hôtel de Ville*. Continuant devant soi, on longe le square de la place de l'*Hôtel-de-Ville* (Cafés *Guillaume-Tell, International*) qu'on contourne plus bas à dr. pour prendre ensuite à g., devant l'entrée du square, la rue de *Paris* (Pavé : 5'). Cette dernière conduit à la place *Gambetta* (**3.2** — Café *Tortoni*), plantée de quinconces et de parterres, où s'élève à dr. le *Théâtre*, faisant face à l'extrémité O. du *bassin du Commerce*.

Dans l'angle S.-O. de la place Gambetta, l'hôtel recommandé *Tortoni* est situé à dr. aux nos 1, 3 et 5.
A dr. du théâtre, dans la rue *Corneille*, se trouve l'hôtel également recommandé des *Négociants* (8 fr. 50 par jour, vin compris), à dr. au n° 3.

Visite de la ville du Havre (environ 1 h. 3/4, la visite des musées et le détour au bassin de l'Eure non compris). — Partant de la place *Gambetta*, après avoir jeté un coup d'œil à g. sur le *bassin du Commerce*, où sont amarrés les yachts de plaisance, on suivra au S. la rue de *Paris*, artère principale de la ville (nombreux magasins de coquillages, terres cuites, nacre, souvenirs du Havre).

Dans cette rue, on dépasse successivement à g. la place du *Vieux-Marché*, bordée à l'E. par le **Muséum d'Histoire naturelle** (public les dimanches et jeudis, de 10 h. à 5 h.), puis l'**église Notre-Dame**.

La rue de Paris va aboutir au *Grand-Quai*, devant l'*avant-port*, près du **Musée des Beaux-Arts et d'Archéologie**, situé à dr. (public en été, tous les jours, sauf les mercredis et vendredis, de 10 h. à 5 h. 1/2 ; en hiver, seulement les dimanches et jeudis, de 10 h. à 4 h.).

A g. du débouché de la rue de Paris, sur le Grand-Quai, très animé, se trouve l'embarcadère des bateaux de Honfleur et de Trouville (V. page 43).

Si l'on désire voir les *bassins* et aller visiter un des paquebots de la *Compagnie Transatlantique* (environ 2 h.), on suivra le Grand-Quai, à g., prolongé plus loin par le quai *Notre-Dame*, à g. Parvenu à la hauteur de la rue des *Drapiers*, on franchit à dr. le *pont Notre-Dame*, entre le *bassin du Roi* et l'avant-port. De l'autre côté de ce pont, la rue du *Général-Faidherbe* conduit au *pont de la Barre*, à l'entrée du bassin de ce nom. Traverser le pont de la Barre, puis, en face, le *pont du Sas* auquel font suite les quais *Aug. Broström* et de *New-York*. Ce dernier borde le *bassin de l'Eure*, où stationnent les paquebots.

A l'extrémité du quai de New-York, on atteint le long hangar-dock de la Compagnie Transatlantique où l'on peut retirer, à l'un des bureaux, un ticket (50 c. par personne) permettant de visiter un des navires.

Après la visite du paquebot, retour au Grand-Quai par le même itinéraire.

A dr. du débouché de la rue de Paris s'étend la chaussée des *Etats-Unis.* Ici, se dirigeant vers le parapet du chenal, on le longera, à dr., dans toute sa longueur (vue superbe sur la mer; entrées et sorties des navires), jusqu'au *sémaphore* (tableau du mouvement du port), dressé en arrière d'une courte *jetée.*

Continuant à suivre le rivage, à dr., aujourd'hui compris dans le *nouvel avant-port,* que protège au loin deux immenses digues, on passera au-dessous de la véranda du *Grand-Hôtel Frascati.* Arrivé devant l'entrée de l'*établissement de bains,* on contourne l'hôtel, à dr.; puis, après avoir coupé deux rues transversales, on atteint le croisement du magnifique bd *François Ier,* planté d'arbres et bordé d'hôtels particuliers.

Suivant le bd François Ier, à g., dans toute sa longueur, on parviendra au bd de *Strasbourg,* non moins beau. Sur ce dernier bd, en tournant à g., on arrive, au bout de quelques m., vis-à-vis le terre-plein de la grande digue N.-O., au début du **boulevard Maritime.**

Le bd Maritime, une des promenades favorites des Havrais, longe la mer et s'étend, au delà du **Casino Marie-Christine** (théâtre, bals et concerts ; entrée, 1 fr.), situé à neuf cents m., jusqu'au pied de la côte de La Hève, au bas du village de Sainte-Adresse (*V.* page 52).

Sans aller si loin, si l'on doit se rendre plus tard à Etretat (*V.* page 51), on reviendra sur ses pas et l'on suivra le bd de Strasbourg qui ramène en ville. Ce bd longe à g. le *square Saint-Roch,* jolie promenade ombragée, et conduit à la place de l'*Hôtel-de-Ville,* où s'élève à g. l'**Hôtel de Ville,** construction monumentale, devant un vaste square servant de *jardin public.*

Au delà de l'Hôtel de Ville, le bd de Strasbourg dirige vers la *gare* (à un kil.), en dépassant successivement la *Sous-Préfecture,* à g., la **Bourse,** à dr., au fond de la place *Carnot,* et enfin le *Palais de Justice,* à g.

La large rue *Thiers,* qui s'ouvre à g., à l'angle de l'Hôtel de Ville et du bd de Strasbourg, mène à la place *Thiers* (à cinq cents m.) d'où part un funiculaire (10 c.) montant en quelques min. à la rue *Félix-Faure.* Cette rue longe le bord de la *côte d'Ingouville,* couverte de villas et de jardins.

Traversant le square de l'Hôtel-de-Ville, à dr., par la rue de *Paris*, au S. du square, on regagnera la place *Gambetta*.

Excursion recommandée au départ du Havre. — Les phares de La Hève.

Pour cette excursion, qui peut se combiner avec l'itinéraire du Havre à Etretat, *V*. page 51.

On peut aussi se rendre aux phares par le tramway de la *ligne de l'Hôtel-de-Ville à La Hève* (10 c. et 15 c.).

Pour mémoire. — Du **Havre** à **Honfleur**, en bateau à vapeur. Départ tous les jours à la marée, 3 dép. en été et 2 dép. en hiver (prix : passerelle, 2 fr. ; premières, 1 fr. 20 ; secondes, 70 c. ; bicyclettes, 50 c. ; tandems, 80 c. ; motocyclettes, 2 fr. Trajet en 30 à 35 min.).

Le bateau traverse l'estuaire de la *Seine*, dont on jouit d'un admirable coup d'œil, et aborde à Honfleur au quai *Beaulieu*, vis-à-vis l'hôtel du *Cheval-Blanc* (*V*. page 95).

Du **Havre** à **Trouville**, en bateau à vapeur. Mêmes heures de départ que le bateau de Honfleur (prix : passerelle, 3 fr. 25 ; premières, 1 fr. 70 ; secondes, 70 c. Même tarif que ci-dessus pour le transport des machines. Trajet en 40 à 45 min.).

Le bateau traverse, un peu plus au large, l'estuaire de la Seine et aborde à Trouville, soit au quai *Vallée*, soit à l'extrémité de la *Jetée-Promenade*, quand la marée ne permet pas l'accès du port.

Si l'on débarque au quai Vallée, on prendra, derrière le hangar de la Cie, la rue *Victor-Hugo*, puis, dans celle-ci, la deuxième rue à dr., la rue de la *Mer*, où se trouve situé, à g., après le croisement de la rue des *Bains*, l'hôtel *Tivoli* (**O.3**).

Si l'on débarque à la Jetée-Promenade, on suivra, à l'extrémité de cette jetée, la rue d'*Orléans*, à dr., qui passe devant l'hôtel des *Roches-Noires*. A la première bifurcation, négligeant à dr. la rue *Pasteur*, on continue à g. la rue d'Orléans qui aboutit au carrefour formé par la rue transversale de la *Mer* et le croisement de la rue des *Bains*. Ici, en tournant à g. dans la rue de la Mer, on trouve immédiatement l'hôtel *Tivoli* (**1.2**).

Les bateaux de Honfleur et de Trouville ne transportent pas les automobiles. Les automobilistes qui voudraient se rendre du Havre à Honfleur ou à Trouville devront aller par la r. jusqu'à Lillebonne et traverser la Seine au bac du port Jérôme, pour ensuite gagner Honfleur ou Trouville par Quillebeuf et Pont-Audemer (*V*. page 36).

DE ROUEN A YVETOT

Par Maromme, Barentin, Croix-Mare et La Brême.

Distance : **36** kil. *Côtes :* **1** h. **5** min. *Pavé :* **16** min.

Nota. — Cet itinéraire et le suivant (*V.* page 48) constituent la route nationale de Rouen au Havre. Cette belle chaussée, comparable à une avenue de parc, est tracée sur le plateau du « pays de Caux » qu'entament les deux profondes et pittoresques vallées de Sainte-Austreberthe et de la rivière de Bolbec.

Sur ce parcours on rencontre deux côtes très dures, chacune longue de deux kil., la première après Maromme, la seconde en quittant Barentin.

De l'hôtel du *Nord* au *bureau de l'octroi* (**3** — Pavé : 31'), *V.* page 28.

Laissant à g. la r. de Caudebec, par Canteleu, on continue à dr. dans la direction du tramway ; côte pavée (3'). Trois cents m. plus loin, au *carrefour du Mont-Riboudet* (**0.3**), on abandonne la r. nationale, pour s'engager à g. sur le ch. de Maromme, par Pont-Girard, ici appelé rue *Charles-Besselièvre.*

Ce ch., légèrement descendant, suit la vallée du *Cailly* et prend le nom de rue *aux Juifs*, au-dessous de Déville (**1** — à dr., la *chapelle Saint-Siméon*, dans une sorte de masure, est un but de pèlerinage). Un peu plus loin, inclinant à g. par la rue *Fresnel*, on traverse, au *Pont-Girard* (**0.3**), la rivière qui alimente les centres industriels voisins. De l'autre côté de la place Fresnel, où se détache à g. le ch. de Duclair (16.2), la rue longe à dr. le *moulin à plomb*, usine aux nombreuses cheminées, puis se prolonge sous les noms successifs de rue *Laveissière* et de rue de la *République*, en passant devant des maisons égayées de jardinets.

On arrive, dans le bas quartier de **Maromme** (**1.7** — Ch.-l. de c. — 3.860 hab.), à une placette où aboutit à dr. la rue *Jean-Besselièvre* ; cent m. au delà, parvenu à hauteur de la maison portant le n° 47 (à dr.), on abandonnera la rue de la République pour prendre à g. le ch., dit la *Vieille Rue*, bordé d'une haie.

Ce ch. traverse la vallée, puis, tournant à dr., monte (1') rejoindre (**0.8**) la r. nationale du Havre, à l'embranchement du ch. de Duclair (15.1), près du *monument des Vétérans*, élevé à la mémoire des combattants de 1870-71.

La r. du Havre s'élève pendant deux kil. (25' et 5'), sur le versant boisé de la vallée, pour atteindre le hameau de Lavalette (**1.7**); elle se développe ensuite, entre deux magnifiques bordures de peupliers, sur un plateau agricole, richement cultivé, où de vastes horizons de champs et de prairies, rayés de loin en loin par de longs rideaux d'arbres ou par des massifs de futaies, composent des paysages qui ne manquent pas de grandeur.

On longe le superbe domaine du *château de Saint-Jean*, voisin du village de Saint-Jean-du-Cardonnay (**2**). Plus loin, après la croisée (**0.6**) du ch. de Duclair (10.3) au Le Houlme (3.5), deux autres belles propriétés bordent encore la r. à g. On traverse les hameaux du Petit-Melmont (**1.7**) et de Malzaize (**1.6**).

La descente commence un kil. avant l'embranchement (**1.1**) du ch. de Roumare (3.3), à g., et de l'ancienne r., négligée à dr. Au tournant, la pente s'accentue dans la vallée boisée de *Sainte-Austreberthe*, où l'on décrit une nouvelle courbe pour arriver à Barentin (**1.2** — Pavé : 4' — Hôt. du *Grand-Cerf*).

Au centre de ce bourg industriel, pittoresquement étagé sur les deux versants de la vallée, la rue franchit deux petits bras de la rivière, puis coupe, près de la *mairie*, la r. de Duclair (10) à Limésy (*V.* ci-dessous).

Pour mémoire. — De **Barentin** à **Veules** (**4?** kil. **400** m.), par **Pavilly** (**2.5** — Ch.-l. de c. — 3.022 hab. — Hôt. de l'*Image-Saint-Pierre*), Limésy (**5.5**), gare de Saussay-Yerville (**3.6**), **Yerville** (**3** — Ch.-l. de c. — 1,393 hab. — Hôt. de la *Poste*), Boudeville (**7**), Saint-Laurent-en-Caux (**2.8**), Bretteville-Saint-Laurent (1), **Fontaine-le-Dun** (**6.5** — Ch.-l. de c. — 605 hab. — Hôt. de l'*Espérance*), Saint-Pierre-Le-Viger (**1**), Yelon (**3.5**) et Veules (**4** — *V*. page 68).

De **Barentin** à **Saint-Valery-en-Caux** (**42** kil. **700** m.), par Croix-Mare (**10.5**), **Doudeville** (**14.6**) et Saint-Valery-en-Caux (**17.6** — *V*. ci-dessous).

En sortant de Barentin, la r. nationale, dominée par le beau *viaduc* courbe du ch. de fer, gravit une rampe très dure (20'); à dr., la vue s'étend sur la vallée supérieure de Sainte-Austreberthe, charmante malgré ses nombreuses manufactures.

On regagne le plateau, modérément ondulé (cinq montées douces), sur lequel s'égrènent quelques riants hameaux. Au Mouquet (**2.1**), s'écarte à dr. le ch. de Pavilly (1.6); à Lamberville (**2**), croise celui de Caudebec (17.8) à Pavilly (3.2). Dépassé une agglomération, dépendant de Bouville (**1.1**), la dépression du sol occasionne une descente; à dr., pointe entre les arbres le clocher du Mesnil-Panneville (**2**), village situé à neuf cents m. de la r.

La côte qui succède (8') conduit à Croix-Marc (**3.3**), le gros de ce village étant laissé sur la g.; plus loin, s'éloigne à dr. (**2.6**) le ch. de Saint-Valery-en-Caux, par Doudeville (*V*. ci-dessous).

Ce ch., le plus direct, pour se rendre de Rouen à Saint-Valery-en-Caux, passe par **Doudeville** (**12** — Ch.-l. de c. — 2.045 hab. — Hôt. de *France*), Heunières (**6**), Sainte-Colombe (**3**), Cailleville (**4.1**) et Saint-Valery-en-Caux (**4.5** — *V*. page 66).

Une courte descente précède la bifurcation de Loumare (**2.1**) où vient rejoindre la r. de Tôtes (20), par Yerville (8.4). La r. du Havre, infléchissant vers l'O., s'élève (6') sur un monticule. Dépassé l'église de La Brême (**1.9**), le faubourg de Sainte-Marie-des-Champs mène à l'entrée d'**Yvetot** (**1.4** — Ch.-l. d'arr. — 7.352 hab.).

Ici, deux itinéraires permettent de gagner l'hôtel : le premier suit la longue rue pavée (8') du *Calvaire* qui aboutit à la rue *Bellanger*. Celle-ci, à dr., conduit à la place de l'*Eglise* qu'on traverse en passant entre l'église, à dr., et le marché, à g.; puis la rue des *Victoires* va déboucher vis-à-vis l'hôtel des *Victoires* (**O.7** — Café à l'hôtel), situé au tournant de la r. du Havre.

Le second itinéraire, à peu près de même longueur, mais évitant le pavage, commence, au début de la rue du Calvaire, avec la rue de la *Croix-Rouge* (ch. de Gremonville) dans laquelle on tourne, d'abord à dr., pour prendre aussitôt à g. la rue du *Champ-de-Mars*. Celle-ci aboutit à la place du Champ-de-Mars, quadrilatère gazonné entouré d'arbres, où l'on tourne à g. dans la rue *Carnot*. Cette rue, qu'il faut suivre dans toute sa longueur, mène à la place d'*Armes* à dr. de laquelle la rue Carnot se prolonge, au chevet de la chapelle du *Séminaire*, jusqu'à la rue de la *République*. Laissant celle-ci à dr. (direction de la gare), on continue devant soi par la rue *Pasteur* (Pavé : l') où se trouve, à cinquante m., à dr., l'hôtel des *Victoires*.

La paisible petite ville d'Yvetot, située dans une plaine dépourvue de cours d'eau, offre peu d'intérêt. Ses larges rues, bordées de maisons basses, la plupart en briques, sont bien entretenues mais manquent d'animation. Une chanson de Bérenger a rendu populaire le souvenir de la *royauté d'Yvetot* au moyen âge. Le titre de roi, dont les seigneurs d'Yvetot étaient revêtus aux XVe et XVIe s., est arrivé par transmissions successives à la famille d'Albon dont le chef actuel, le marquis d'Albon, peut revendiquer ce titre honorifique.

Pour mémoire. — **D'Yvetot à Caudebec** (*V*. page 33), **11** kil. **500** m.).

D'Yvetot à Cany-Barville (23 kil. **300** m.), par Autretot (**4.3**), Héricourt-en-Caux (**6**), Oherville (**3**), **Le** Hanouard (**2**), Grainville-la-Teinturière (**2.5**), Mautheville (**2**) et Cany-Barville (**3.5** — *V*. page 62).

D'Yvetot à Fécamp (33 kil. **900** m.), par le carrefour du Poteau (**6.4**), **Fauville** (**6.5** — *V*. page 48) et Fécamp (**21** — *V*. page 59).

D'YVETOT AU HAVRE

Par Bolbec, Saint-Romain-de-Colbosc et Harfleur.

Distance : **52** kil. *Côtes :* **33** min. *Pavé :* **33** min.

Nota. — Beau trajet dont les paysages sont analogues à ceux de l'itinéraire précédent; route agréable et très roulante. Deux superbes descentes précèdent Bolbec et Harfleur. Longue montée, en grande partie faisable en machine, à la sortie de Bolbec.

Au départ de l'hôtel des *Victoires*, suivre à dr. la rue *Pasteur* (Pavé : 4'), puis, à cinquante m. de l'hôtel, tourner à dr. dans la rue du *Havre*, en laissant devant soi la rue du *Manoir*, qui commence le ch. d'Allouville-Bellefosse.

Ce ch., qui serpente capricieusement dans la plaine, conduit au village d'Allouville-Bellefosse (**6.2**), où se trouve, à quelques m. de l'entrée de l'*église*, un **chêne** phénoménal. Cet arbre, le plus célèbre de la Normandie, aurait huit cents ans; son tronc, complètement creux, mesure 9 m. 75 de circonférence et contient deux chapelles superposées.

D'Allouville-Bellefosse, un ch., à dr., va rejoindre la r. nationale du Havre au *carrefour du Poteau* (**2.3** — *V.* ci-dessous).

La r. du Havre passe devant le *champ de courses* d'Yvetot, à dr.; puis, excellente, faiblement ondulée, se déroule sur la plantureuse plaine qu'agrémentent de coquets hameaux, entourés de clos et de vergers, tandis qu'au loin de beaux carrés de futaies, des rangs d'ormes et de hêtres caractérisent le paysage.

Au delà de Valliquerville (**4.8**) on atteint le *carrefour du Poteau* (**1.6**) où débouche à g. le ch. d'Allouville-Bellefosse (2.3 — *V.* ci-dessus) et où se détache à dr. la r. de Fécamp, par Fauville (*V.* ci-dessous).

Ce ch., le plus direct pour se rendre de Rouen à Fécamp, passe par **Fauville** (**6.5** — Ch.-l. de c. — 1.142 hab. — Hôt. du

Chemin-de-Fer), Ypreville-Biville (**6.3**), La Toussaint (**9.6**), Saint-Ouen (**2.1**) et Fécamp (**3** — *V*. page 59).

Après Alvimare (**2.7**), petite montée (3'); on laisse à dr. (**0.7**) un ch. vers Yebleron (8.8). A Alliquerville (**2**), on croise la r. de Caudebec-en-Caux (12.8) à Fauville (6.7), et, plus loin (**1.7**), le ch. de Grand-Camp (1.2) à Yebleron (5.3).

Dépassé le hameau de la Haricotière (**2.8**), parvenu à hauteur de la *borne 70.1* (**0.5**), deux itinéraires, également bons, se présentent pour descendre à Bolbec : soit par le ch. de Lanquetot, à dr., soit en continuant la r. nationale, devant soi.

Le ch. par Lanquetot va passer devant l'église de ce village (**0.2**), où on laisse à dr. le ch. de la gare de Bolbec-Naintot (3.2), puis descend à g. un étroit vallon dans lequel se trouvent les *filatures* les plus importantes de Bolbec. On entre dans cette ville par la rue *P. Fauquet-Lemaitre* aboutissant à la place *Carnot*, à l'angle de la rue *Guillet*, au débouché de la r. nationale (**4.2** — *V*. ci-dessous).

La r. nationale, demeurant sur la plaine, domine le vallon parallèle, qui se creuse à dr., à cinq cents m., d'où émerge un alignement de prosaïques cheminées de filatures (*V*. ci-dessus), puis elle descend très rapide, durant deux kil., la rue *Guillet*. Au bas de celle-ci on arrive à la place *Carnot*, dans **Bolbec** (**1.8** — Ch.-l. de c. — 11.820 hab. — Hôt. de l'*Europe*), ville industrielle située, à la jonction de quatre vallons, sur la rivière de *Bolbec*.

De la place Carnot, dont une partie se trouve en contre-bas, la rue de la *République* (Pavé : 12'), à g., mène à la place *Léon-Desgenétais* où se voit l'*église*, à g. (**0.2**), et où croise la r. de Lillebonne à Goderville (*V*. ci-dessous).

Pour mémoire. — De **Bolbec à Lillebonne**, *V*., en sens inverse, page 36.

De **Bolbec à Etretat** (**28** kil. **600** m.), par Beuzeville (**4.3**), la gare de Bréauté-Beuzeville (**1.5**), Bréauté (**3**), **Goderville** (**3.3** — *V*. page 39), Ecrainville (**3**), **Criquetot-L'Esneval** (**4.5** — Ch.-l. de c. — 1.364 hab. — Hôt. du *Cadran-Bleu*), Villainville (**2.5**), Le Vauchel (**3**) et Etretat (**3.5** — *V*. page 55).

Au delà de la place Léon-Desgenétais, la r. du Havre, continuée par la rue *Léon-Gambetta* et le faubourg du *Havre*, monte (5') passer sous le hardi viaduc courbe, en briques, du ch. de fer; elle s'élève ensuite plus doucement, moins cinq cents m. assez durs (5'), à travers un étroit vallon boisé, d'aspect pittoresque, jusqu'à l'embranchement (**1.2**) du ch. de Saint-Jean-de-la-Neuville (3). Ici, on retrouve la plaine et une belle bordure de peupliers.

Plus loin, après avoir rejoint (**0.5**) l'*ancienne* r., à dr., la montée reprend (5' et 3'); à dr., le *domaine, dit du château* (**0.2**), s'encadre de majestueuses avenues. On laisse à g. (**1.6**) le ch. du village des Trois-Pierres (1 — au cimetière, un *if*, neuf fois séculaire, mesurant près de 6 m. de circonférence, renferme dans son tronc une petite chapelle).

Après le croisement (**0.6**) du ch. de Montivilliers (15.8) à Lillebonne (11.5), une courte montée (2'). Dans la campagne, débordante de fertilité, des troupeaux entiers de vaches luisantes, attachées au piquet, dévorent méthodiquement de vastes champs de colza et de sarrazin; à dr., vis-à-vis la *borne 84* (**1.8**), un *coq*, taillé en épines, perché sur une haie, monte la garde.

Au bourg prospère de **Saint-Romain-de-Colbosc** (**1.1** — Ch.-l. de c. — 1.873 hab. — Hôt. du *Nom-de-Jésus;* du *Havre*), où viennent aboutir les ch. de Criquetot (16.1), de Goderville (13) et de Lillebonne (15.5), on coupe la *ligne du tramway* qui relie Saint-Romain à la gare du ch. de fer; de jolies propriétés bordent la chaussée.

La r. laisse à g. (**2.3**) le gros du village de Saint-Aubin, enfoui dans un fond de verdure, puis le vieux ch. de Lillebonne, à l'angle d'un restaurant champêtre (**1**). On traverse la commune de Gainneville (**4.3** — Beau château) qui égrène ses habitations sur une distance de trois kil.

Après Orcher (**1**), légère montée; à dr., le sillon boisé du vallon de Saint-Laurent dénivelle la plaine. On atteint, près de la *borne 94.3*, à l'encoignure d'un débit (**0.3**), l'étroit ch. de Gonfreville-l'Orcher.

Ce ch., traversant la plaine, conduit au village de Gonfreville-l'Orcher (**1.5** — Café-rest. de la *Terrasse d'Orcher*), puis au **château d'Orcher** (**1**), admirablement situé sur le sommet d'une falaise à pic qui domine l'estuaire de la Seine. Du château féodal il ne subsiste plus qu'un *donjon* carré, restauré, à côté des bâtiments construits au XVIIe s. (pour visiter le parc, s'adresser au concierge ; rémunération).

La r. infléchit vers le N.-O., dans le voisinage du *château de Dainvilliers*, un peu caché à dr. au milieu d'un bouquet d'arbres, puis commence à descendre rapidement. Elle décrit une large courbe pour venir surplomber le délicieux vallon de Saint-Laurent.

Au bas de la pente, on entre dans **Harfleur**, par la rue *Carnot* (Pavé : 5'), où vient s'embrancher à dr. (**3.3**) la r. de Fécamp (*V.* page 38). Plus loin, la rue Carnot se prolonge, en inclinant à dr., par la rue de la *République*. Celle-ci borde l'*église*, au clocher célèbre, puis traverse la rivière de la *Lézarde*, près du café-rest. du *Trianon*. Cent m. au delà du pont, la r. de Tancarville, à g., sous le nom de rue *Gambetta*, débouche (**0.5**) sur la rue de la République.

De la rue Gambetta, dans Harfleur, au **Havre** (**7.2** — Côtes : 10' — Pavé : 12'), *V.* page 39.

DU HAVRE A ÉTRETAT

Par La Hève, Ignauval, Octeville, Saint-Jouin, Bruneval, La Poterie et Le Tilleul.

Distance : **33** kil. **100** m. *Côtes :* **2** h. **7** min.
Pavé : [illegible] min.

Nota. — Cet itinéraire, combiné avec l'excursion du Havre aux phares de La Hève, permet aussi de visiter les petites plages de Saint-Jouin et de Bruneval. Le trajet, très accidenté, présente trois fortes côtes : la première, longue de dix-huit cents m., précède La Hève; les deux autres, d'un et de deux kil., font regagner les plateaux, après la traversée des vallons d'Ignauval et de Bruneval. Ces rampes sont suivies de trois grandes descentes rapides, la dernière, longue de deux kil., en arrivant à Etretat.

Les plages situées sur la côte du département de la Seine-Inférieure, entre Le Havre et Le Tréport, sont toutes à fond de galets, plus ou moins mélangé de rares parties sablées.

Partant de la place *Gambetta*, on prend au N. la rue de *Paris* (Pavé : 6') qui conduit à la place de l'*Hôtel-de-Ville*. Sur cette place, contourner le *square*, d'abord à g., puis à dr., pour tourner ensuite, à l'extrémité du square, à g., sur le bd de *Strasbourg*.

Le bd de Strasbourg aboutit au magnifique bd *Maritime*, une des promenades les plus attrayantes du Havre, qu'on suivra à dr. en côtoyant la mer.

Dépassé le *Casino Marie-Christine* (**1.2** — *V.* page 42), le bd commence à monter (3') pour atteindre, au pied de la côte de La Hève, le carrefour (**0.5**) où se détache à dr. la r. directe d'Etretat, par Sainte-Adresse et le *carrefour de la Broche-à-Rôtir* (*V.* ci-dessous).

Si l'on désire raccourcir de trois kil. sept cents m., sans passer par les phares de La Hève, on prendra à dr. la r. de Sainte-Adresse. Cette r., dite aussi rue de la *Mer*, monte (8'), entre des propriétés particulières, pour atteindre la mairie et l'église de Sainte-Adresse (**0.2**), puis gagne, dans le haut de cette commune, le *carrefour de la Broche-à-Rôtir* (**0.4**). A ce carrefour, viennent rejoindre : à dr., la r. directe du Havre, délaissée à cause de sa ligne de tramways et de son pavage ; à g., la rue de *Vitanval* (direction de La Hève — *V.* ci-dessous). A dr. de la rue de Vitanval, la r. d'Etretat continue à g. (*V.* page 53).

La r. de La Hève s'élève (35') au-dessus des *bains de Sainte-Adresse*, ou de la *Falaise*, entre des chalets et des villas que dominent à dr., au faîte de la colline, l'original monument en marbre blanc, dit le *Pain de Sucre*, édifié à la mémoire du général comte Lefebvre-Desnoëttes et la *chapelle de Notre-Dame des Flots*.

Plus loin, négligeant à dr. l'*ancienne route* et, à g., le bd *Dufayel*, on suivra devant soi le bd du *Président Félix-Faure*.

Ce b^d, admirable corniche, tracée à flanc de falaise, laisse à g. la rue *Gustave-Lennier* et rejoint, après deux lacets, l'ancienne route, près du *sémaphore* de La Hève. Ici, tournant à g., on passe devant une importante *batterie*, armée de grosses pièces de tir, et l'on atteint, sur le plateau, le hameau de La Hève (**2** — Café-rest. de la *Maison-Rouge)*, vis-à-vis de la grille d'entrée des **phares de La Hève** (on ne visite que le phare S. ; vue magnifique de la plate-forme; gratification facultative).

La r., sous le nom de *route du Carrousel*, tourne à dr. devant la grille de l'enclos des phares, et descend rapidement vers le vallon d'Ignauval, où elle décrit une grande courbe, en laissant à g. le ch. de la *batterie de Dollemard*. A g., de nombreux chalets s'étagent pittoresquement sur le penchant de la colline.

A l'entrée d'Ignauval (**1.1**), on néglige à g. la rue du *Gymnase* (projetée pour être prolongée dans la direction d'Octeville) et l'on continue par la rue d'*Ignauval* qui, après le hameau du Carreau (**0.9** — à g., la rue escarpée *Sous-Bretonne* permet aux cyclistes de rejoindre la r. d'Octeville), prend le nom de rue de *Vitanval*, pour aboutir au *carrefour de la Broche-à-Rôtir* (**0.3**) où l'on rejoint la r. du Havre à Etretat.

La r. d'Etretat, à g., s'élève (15') en dominant le vallon d'Ignauval; puis, assez ondulée, laisse à dr. (**1.3**), sur le plateau, le ch. de Bléville, village situé à cinq cents m.. On atteint le carrefour du *calvaire* d'Octeville (**3.5**), où vient rejoindre la r. du Havre, par Sanvic, moins fréquentée, à cause du pavage de Sanvic et de la ligne de tramway.

Après le hameau des Quatre-Fermes, une petite descente mène à Octeville (**1.3**), village suivi d'une côte (8'). La r., se déroulant à travers une plaine dénuée d'intérêt, présente une montée de trois cents m. (3'), puis une descente douce de deux kil. On passe devant quelques maisons dépendantes du village d'Ecqueville (**2.2**), dont la principale agglomération se trouve à g.; plus loin, on aperçoit du même côté Cauville (**2.5**).

Après une nouvelle côte (8'), ayant dépassé la *borne 16.2*, on arrive à l'embranchement (**3.8**) du ch. de Saint-Jouin et de Bruneval, qui se détache à g.

Ici, on a le choix entre trois directions pour se rendre à Etretat :

1° En passant par Saint-Jouin et Bruneval, comme il est indiqué ci-dessous.

2° En continuant directement la r. departementale jusqu'à Etretat.

Celle-ci, deux kil. sept cents m. au delà de l'embranchement du ch. de Saint-Jouin, passe à hauteur du hameau de la Mare-Goubert (**2.7**), où se détache à dr. la r. de Criquetot (*V.* ci-dessous). La r. d'Etretat ayant atteint son point culminant, d'où on commence à distinguer la mer, descend, puis laisse sur la g. le village de La Poterie (**4.3**), vis-à-vis l'entrée du ch. qui vient de Gonneville (*V.* ci-dessous), à dr. Plus loin, on rejoint (**1**) le ch. qui monte du vallon de Bruneval, à g. D'ici à Etretat (**4**), *V.* page 55.

3° En prenant, à la Mare-Goubert (**2.7**), sur la r. départementale (*V.* ci-dessus), la r. de Criquetot à dr. Cette dernière conduit au bourg de Gonneville (**3** — L'hôtel de *France*, tenu par M. Aubourg, renferme un véritable *musée* composé de tableaux modernes, de panneaux peints, de vieux meubles et de céramiques). A Gonneville, quittant la r. de Criquetot (3.-4 — *V.* page 49), on suit à g. un ch. qui va rejoindre (**4.6**) la r. du Havre à Etretat, vis-à-vis le village de La Poterie. De La Poterie à Etretat (**5**), *V.* page 55.

Le ch. de Saint-Jouin, à g., par le Grand-Hameau (**1.5**), gravit une butte (2'); puis, serpentant à travers une campagne plus agréable, monte encore quelque temps (10') avant de descendre vers **Saint-Jouin** (**1.5** — 1.123 hab.), village de pêcheurs, d'aspect riche et florissant, situé au bord de la falaise, à cinq cents m. de la mer.

De Saint-Jouin, on descend en 10 min. sur la plage par une valleuse qui offre une fort belle vue.

L'hôtel de *Paris*, au fond d'un vaste jardin, contient un *musée* intéressant de peintures, de faïences, de vieux meubles et d'albums d'autographes de personnages célèbres venus visiter Saint-Jouin.

Du café de Paris, par le jardin, on peut encore descendre aux falaises par l'*éboulement*, curieux chaos où mène un escalier qui aboutit près d'une source.

Saint-Jouin est plutôt un but de promenade pour les touristes qu'une station balnéaire proprement dite.

Traversant le village, sitôt dépassé l'église, tourner à g. ; Descente rapide suivie plus loin d'un raidillon et d'une montée (3'); à g., on entrevoit de temps à autre la mer.

Bientôt on atteint le bord d'un profond vallon boisé, très pittoresque, dans lequel une descente en lacets, excessivement rapide, conduit jusqu'à une *croix* (**2.5**), élevée à l'embranchement du ch. qui descend de La Poterie, à dr.

Le ch., à g., traverse le hameau de **Bruneval** (Rest. des *Bains Martin*), qui ne compte que quelques feux, et vient déboucher à l'extrémité du ravin, vis-à-vis une minuscule *plage* (**0.5**), étranglée entre deux hautes falaises et dominée à g. par la tour de l'original *castel des Kroumirs*.

Le ch., à dr., remonte (35') le vallon de Bruneval jusqu'à sa naissance sur le plateau. Au village de La Poterie (**1.9**), laissant à g. le ch. du phare du *cap d'Antifer* (2.5), on contournera à dr. l'église pour rejoindre (**0.9**) la r. du Havre à Etretat; monter celle-ci à g. (Côte : 5').

Après le village du Tilleul (**1**), on passe devant le parc du *château de Fréfossé*, flanqué de tourelles pointues; ensuite une descente rapide, de deux kil., mène vers **Etretat**, station balnéaire mondaine, très fréquentée (1.914 hab.).

Au bas de la côte, entrant dans le bourg par la rue du *Havre* (à g., au n° 6, l'hôtel *Omont*, simple), parvenu à hauteur du *bureau de la poste*, on prendra la première rue à g., la rue *Alphonse-Karr*, la principale d'Etretat, aboutissant, près de la plage, à l'hôtel recommandé *Hauville*, celui-ci situé à dr. (**3**).

Visite de la ville d'Etretat (environ 2 h.). — La rue *Alphonse-Karr* débouche à la pittoresque *plage* d'Etretat dont l'hémicycle, encadré de deux promontoires que terminent des falaises à pic, ajourées par la mer, présente un tableau très caractéristique. Sur la falaise du S., dite d'Aval, on remarque le petit *castel Dubosc*, à tourelles crénelées; la falaise du N., dite d'Amont, est surmontée de la *chapelle de Notre-Dame de la Garde*, voisine d'un *sémaphore*.

A g., s'étend la partie de la plage qui sert d'échouage aux barques de pêcheurs (remarquer les vieilles embarcations couvertes, appelées *caloges*) ; à dr., se trouvent le casino et les bains.

En suivant à g. la rue de *La Vallette*, on passe à dr. de l'hôtel *Blanquet;* derrière cet hôtel, par la rue du *Docteur-de-Miramont*, on peut gagner le sentier qui conduit au castel Dubosc, perché sur la **falaise d'Aval**. Le pied de cette falaise est percé par la *porte d'Aval*, près de laquelle se dresse un colossal obélisque calcaire appelé l'*aiguille d'Etretat*. Un peu plus au S. de la falaise il existe une seconde ouverture, dite la *Manneporte*, autre gigantesque arcade sous laquelle un navire pourrait facilement s'engager.

A dr., la rue de La Vallette, entre les deux immeubles de l'hôtel Hauville, va passer devant le **Casino** (entrée : le matin, 50 c. ; l'après-midi, 1 fr.) et aboutit à la place *Victor-Hugo*. Traversant cette place, en biais, à g., on parcourra la terrasse, située en avant de l'hôtel des *Roches-Blanches*, jusqu'au pied de la **falaise d'Amont**, également trouée par une voûte naturelle, dite la *porte d'Amont*.

Au bout de la terrasse, un escalier en briques, à dr. de l'hôtel, permet d'atteindre la pente gazonnée de la falaise sur laquelle on rencontre un *calvaire* précédant la chapelle et le sémaphore.

Revenu sur ses pas à la place *Victor-Hugo*, on suivra à g. le b^d^ *Charles-Lourdel*. Un peu plus loin, la rue *Notre-Dame*, encore à g., mène à l'extrémité du bourg et conduit à l'*église paroissiale*.

A dr., quelques m. avant l'église, l'avenue *Charles-Mottet* rejoint la r. du Havre à Fécamp. Celle-ci, à dr., sous le nom de rue de *H. Offenbach*, traverse la place *P. Casimir-Perier*, devant la *mairie*, et ramène, à hauteur du bureau de la poste, à l'entrée de la rue *Alphonse-Karr*, à dr.

Pour mémoire. — D'Etretat à Bolbec, *V.*, en sens inverse, page 49.

D'ÉTRETAT A FÉCAMP

Par Bénouville, Vattetot-sur-Mer, Vaucottes, Yport, Grainval et Saint-Léonard.

Distance : **19** kil. **100** m. *Côtes :* **1** h. **35** min.

Nota. — Trajet court mais fatigant, étant donné la nature de la route, dont les nombreux accidents de terrain forment de véritables montagnes russes; quatre longues côtes.

La route départementale directe d'Etretat à Fécamp, moins intéressante, mais que suivront de préférence les automobilistes, raccourcit de quatre kil. cent m. en passant par Bordeaux-Saint-Clair (**4**), Les Loges (**2**), Froberville (**4.5**), Saint-Léonard (**3.3**) et Fécamp (**2.5**). Sur cette route se détachent successivement à g. : 1°, deux kil. au delà des Loges, le ch. qui conduit à Vaucottes, en passant par les hameaux de Bariville (0.5) et de Haute-Folie (1), le village de Vattetot (1.5) et Vaucottes (1.5); 2°, un kil. au delà de Froberville, le ch. conduisant à Yport (2.3); 3°, un kil. trois cents m. au delà de la bifurcation du ch. précédent d'Yport, le ch. de Grainval (1.5).

Côte de trois kil. à la sortie d'Etretat. Avant et après Froberville petites descentes suivies de courtes montées à la traversée de deux vallons dans la direction d'Yport, laissé sur la g. Belle descente de deux kil. en arrivant vers Fécamp.

A la sortie de l'hôtel *Hauville*, suivre à dr. la rue de *La Vallette* jusqu'à la place *Victor-Hugo*. Ici, prendre à dr. le bd *Charles-Lourdel*, puis, un peu plus loin, s'engager à dr. dans la rue *Notre-Dame*. Cette dernière, qui conduit à l'extrémité d'Etretat, oblique à g. en vue de l'église, et commence la r. de Bénouville.

Dépassé la gare, la r., tracée en corniche, remonte pendant trois kil. (35') un vallon désert; à hauteur de la *borne* 2.5, jolie vue en arrière vers Etretat. Parvenu sur le plateau, une belle avenue d'arbres précède le village de Bénouville (**4.1**).

Près de l'église de Bénouville, à g. de la *borne 4*, s'ouvre un ch. conduisant au café de *Paris* (0.1), où l'on peut laisser sa machine en garde et se faire indiquer la direction des deux **valleuses du Curé** et de **Bénouville**, ou *de Saint-Ange*. Dans ces curieuses fissures de la falaise, des escaliers, avec tunnels taillés à même le tuf, permettent de gagner la plage. On pourra descendre par la valleuse du Curé, puis, si l'on a du temps, ayant suivi la grève pendant dix min. environ, on remontera par la valleuse de Bénouville pour revenir au village. Si l'on ne fait que descendre et remonter par la même valleuse du Curé, la promenade demande seulement une heure.

Aux dernières maisons de Bénouville, laissant devant soi le ch. de Goderville (11.5), par Les Loges et Gerville, suivre à g. celui de Vattetot. Après une montée (5'), on atteint un carrefour (**2.1**), voisin de quelques habitations. Ici, tournant à g., on ne tarde pas à passer devant l'église de Vattetot-sur-Mer (**0.6**). Un peu plus loin, une descente très rapide conduit dans le pittoresque *fond de Vaucottes* (**1.8**).

Au bas de la côte, le ch., à g., aboutit à la minuscule plage de **Vaucottes** (**0.6** — Hôt. du *Chalet des Pommiers*), petite station balnéaire formée de cottages et de villas.

Remontant le versant opposé du vallon (20' — Vue étendue sur la mer), on regagne de nouveau le plateau, ici assez étroit, d'où l'on aperçoit dans le lointain la pointe avancée de la falaise de Fécamp.

Arrivé à l'autre bord du plateau, on descend une longue pente rapide et dangereuse, d'abord toute droite, puis en lacets, jusqu'à l'église d'**Yport** (**3.1** — 1.781 hab.), bourg de pêcheurs, avec petit port d'échouage, situé également au débouché d'un vallon boisé et encaissé.

Pour se rendre à la *plage*, ainsi qu'à l'hôtel *Tougard* (**0.3**), continuer devant soi par la rue *Alfred-Numès* conduisant à la mer. De l'extrémité de la *jetée* voisine, qui abrite un modeste *casino*, on a un panorama superbe de toute la ligne des falaises jusqu'à Fécamp.

Après avoir vu la plage, revenir sur ses pas jusqu'à l'église (**0.3**), puis suivre la r. à g. de cet édifice. Trois cents m. encore plus loin, négligeant à dr. le ch. d'Épreville (5.4. et de la gare des Ifs (7.6), on gravira à g. la côte (25') du ch. de Fécamp, par Criquebeuf et Grainval. Celui-ci s'élève sous les ombrages verdoyants du *bois des Hoques* et découvre une ravissante vue sur le vallon d'Yport.

Au sommet de la montée, le ch. ondule en plaine, négligeant, près d'une *croix* (**1**), un ch., à dr., qui va rejoindre (0.2) la r. départementale d'Etretat à Fécamp.

Continuant tout droit, on passe à g. du village de Criquebeuf-en-Caux (**0.5**) dont le clocher, surmonté d'une belle flèche en pierre, est remarquable, puis l'on descend dans un riant et étroit vallon, au fond duquel croise (**1.3**) le ch. qui relie la r. départementale à Grainval.

Au bas de la côte, le ch., à g., mène à la plage de **Grainval** (**0.5** — Rest. et villas), petite station balnéaire, dans le genre de celle de Vaucottes (*V.* page 58), située à l'orée du vallon.

Traversant le vallon, on gravira vis-à-vis la rampe (10') opposée pour gagner le village de Saint-Léonard, sur le plateau.

A Saint-Léonard (**1.2**), on rejoint la r. départementale qu'on prend à g. pour descendre ensuite rapidement vers **Fécamp** (Ch.-l. de c. — 14.656 hab. — Port de commerce et premier port de la France pour les armements destinés à la pêche de la morue à Terre-Neuve et sur les côtes d'Islande).

On entre en ville par la rue d'*Etretat*, bordée de maisons basses en briques; au pied de la pente, parvenu à hauteur du n° 35, la rue d'Etretat coupe (**2.3**), la rue *Théagène-Boufart*, à dr., et la rue des *Bains*, à g.

A ce croisement on a le choix entre deux directions :

Si l'on veut loger près de la plage, on tournera à g. dans la rue des Bains aboutissant au b^d des *Bains*, devant la mer, où se trouvent situés, à g., l'hôtel des *Bains-et-de-Londres* (**0.4** — 1er ordre) et l'hôtel de la *Plage* (simple).

Si l'on préfère s'arrêter dans le centre de la ville, on suivra à dr. la rue Théagène-Boufart, qui, prolongée par la rue *Félix-Faure*, mène à la place *Thiers* où sont les deux bons hôtels *Canchy* et du *Chariot-d'Or* (**0.8** — Café des *Colonnes*).

Visite de la ville de Fécamp (environ 3 h. 1/2, la visite des musées comprise). — La voie, peu animée, longue de onze cents m., qui, sous les noms successifs de rues *Félix-Faure, Théagène-Boufart* et des *Bains*, relie la place *Thiers*, centre de la ville, à la mer, débouche au b[d] des *Bains*, devant la plage.

Sur ce b[d] court du N. au S. une belle digue, ou **terrasse-promenoir**, munie de bancs. En suivant la digue, à g., on passe devant l'hôtel des *Bains-et-de-Londres* et l'on atteint le **Casino** (entrée : le matin, 25 c. ; l'après-midi, 50 c.).

Remontant la digue vers le N., dans presque toute sa longueur, parvenu à peu de distance des jetées du *port*, près des chantiers de construction, on descendra à dr. un escalier de douze marches pour suivre, vis-à-vis, le quai de la *Vicomté*, en bordure de l'*avant-port*. Plus loin, dépassant le bas de la rue d'*Étretat*, à dr., on continue par le quai *Bérigny*, le long du *bassin* du même nom.

Arrivé au milieu du quai Bérigny, monter à dr, la rue du *Domaine*. Cette rue croise la rue de la *Mer* et aboutit à l'intersection de la rue *Théagène-Boufart*, où se trouve, situé à dr., au n° 108, la **Distillerie de la Bénédictine**, installée dans une somptueuse construction moderne, rappelant les styles du XVe s. et de la Renaissance. A l'intérieur de cet établissement il existe un **Musée** remarquable, analogue à celui de Cluny à Paris, formé d'une multitude de meubles, d'objets d'art, de curiosités de toutes sortes, provenant de l'ancienne abbaye de la Trinité (le musée et la distillerie sont ouverts : tous les jours, de 9 h. à 11 h. et de 1 h 1/2 à 5 h., en été; de 2 h. à 4 h., en hiver; entrée, 25 c. et gratification au gardien qui explique).

A la sortie de la distillerie, suivant à g. la rue *Théagène-Boufart*, prolongée par la rue *Félix-Faure*, on atteindra la place *Thiers*. Traverser cette place, devant soi, de l'O. à l'E., et continuer par les rues commerçantes *Alexandre-Legros* et *Casimir-Périer* pour gagner l'**église de la Trinité**, qui dépendait jadis de *l'abbaye de la Trinité*.

A g. de l'église, la place de l'*Hôtel-de-Ville* est bordée : au N., par un moulin et, au S., par des bâtiments du XVIIIe s., derniers restes de l'abbaye. Ces bâtiments, encore soudés à l'église, renferment aujourd'hui la *mairie* et un petit *musée* de peinture et d'objets divers (ouvert les lundis, jeudis, samedis, dimanches et jours de fêtes, de 2 h. à 5 h.).

A l'angle N.-E. de la place de l'Hôtel-de-Ville, la courte rue de la *Cascade* aboutit, devant la barrière du ch. de fer, à la rue de l'*Inondation*, qui, à dr., conduit à une petite place plantée d'arbres. Sur cette place, dans une maison vis-à-vis, un peu à g., se trouve la *Source du Précieux-Sang* dont l'eau serait douée de propriétés miraculeuses.

Revenant sur ses pas, on remontera la rue de l'Inondation qui, après avoir coupé la ligne ferrée et le b^{d} de la *République*, mène au croisement de la rue *Jacques-Huet*.

Suivant la rue Jacques-Huet, à dr., on passe, plus loin, entre le *marché*, à g., et le *tribunal de commerce*, à dr., pour aboutir à la place où s'élève **l'église Saint-Etienne** (fermée de midi à 2 h.).

La place *Saint-Etienne* touche au S. la place *Thiers*, d'où l'on peut regagner la plage par un omnibus-tramway qui fait le service toutes les heures.

Excursions recommandées au départ de Fécamp. — La vallée de Ganzeville (32 kil. 500 m., aller et retour).

Itinéraire : de la place *Thiers*, la rue *Alexandre-Legros* (Pavé : 8'), prolongée par les rues *Casimir-Périer* et des *Forts*, conduit à la sortie de la ville et à la r. de Rouen ; on quitte celle-ci à Saint-Ouen (**3**) pour prendre à dr. le ch. de Ganzeville. Ce ch. remonte la charmante vallée du ruisseau de Ganzeville et passe successivement à Ganzeville (**2** — Beau château), au hameau de Mesmoulins (**3**) et à Bec-de-Mortagne (**2.2**). Dans ce dernier village, la source du ruisseau jaillit au-dessous des fondations de l'église.

En continuant le vallon, on atteint, Daubeuf-Serville (**2.3** — Beau château) ; puis le ch., laissant sur la g. les villages de Limpiville et de Bénarville, incline vers l'O. et gagne Angerville (**4.5**), commune dont dépend le *château de Bailleul*, situé à un kil. à dr., qu'on pourra aller visiter.

D'Angerville, le ch., sur le plateau, se dirige vers Annouville (**2.5**) ; ensuite, obliquant à g., passe devant l'église de Mentheville (**2.5**). Plus loin, on longe le parc du *château des Ifs* avant de traverser (**1.8**) la *ligne de Beuzeville à Fécamp*, près de la gare des Ifs. Après le village d'Epreville (**2**), on rejoint (**0.2**) la r. nationale du Havre à Fécamp, qu'il faut suivre à dr. pour rentrer à Fécamp par la rue *Charles-Leborgne* aboutissant à la place *Thiers* (**6.5**).

Valmont (23 kil., aller et retour).

Itinéraire : On suit la r. de Rouen jusqu'à Saint-Ouen (**3** — *V.* ci-dessus, *excursion à la vallée de Ganzeville*).

A Saint-Ouen, abandonnant la r. de Rouen, on prend à g. un petit ch. qui traverse dans sa largeur la vallée, qu'arrose la rivière de *Valmont*, et qui aboutit au village de Saint-Valery (**0.4**), sur la r. de Valmont.

Celle-ci remonte vers l'E. la rive dr. de la vallée pour passer devant la *ferme* et le *bois de l'Epinay* (**1** — Belles sources), anciennes dépendances de l'abbaye de Fécamp, et, plus loin à Colleville (**2.2**), village au pied d'une colline portant le *château de Hougerville*.

La r. franchit (**2.3**) la rivière, puis, après avoir doublé la pointe d'un coteau, atteint **Valmont** (**2.6** — Ch. l. de c. — 835 hab. — Hôt. de *France*).

Le *château de Valmont*, l'antique forteresse féodale des sires d'Estouteville, est situé sur la rive g. de la vallée. Le donjon et les ruines sont enclavés dans le magnifique parc de la propriété de M. Lannelongue (on ne peut visiter que le donjon).

L'abbaye de Valmont, sur la rive dr. de la vallée, n'est pas ouverte au public. Du vieux monastère, fondé en 1169 par Nicolas d'Estouteville, il ne subsiste plus que les ruines d'une église au milieu desquelles est seulement conservée et entretenue en parfait état une *chapelle* dédiée à la Vierge (splendides verrières et tombeaux de la famille d'Estouteville).

Pour mémoire. — De **Fécamp** à **Yvetot**, *V.*, en sens inverse, page 47.

De **Fécamp** à **Harfleur**, *V.*, en sens inverse, page 38.

DE FÉCAMP A SAINT-VALERY-EN-CAUX

Par Notre-Dame-du-Salut, Senneville, Elétot, Saint-Pierre-en-Port, Les Grandes-Dalles, Sassetôt-le-Mauconduit, Les Petites-Dalles, Saint-Martin-aux-Buneaux, Le Val, Veulettes, Conteville et Le Tot.

Distance: **39** kil. **700** m. *Côtes:* **2** h. **19** min.
Pavé: **8** min.

Nota. — Itinéraire très intéressant mais très dur par suite des nombreuses et longues côtes qu'on rencontre sur son parcours.

Si l'on ne tient pas à visiter les stations balnéaires situées entre Fécamp et Saint-Valery-en-Caux, on pourra suivre la route nationale qui, raccourcissant de six kil. trois cents m., passe par Bodeville (**6**), Sainte-Hélène (**1**), Anneville (**6**), Ouainville (**4**), **Cany-Barville** (**3** — Ch.-l. de c. — 1.760 hab. — Hôt. du *Commerce*

— Beau château), Saint-Sylvain (**9**) et Saint-Valery-en-Caux (**4**). Cette route, banale, sur les hauts plateaux du pays de Caux, s'écarte jusqu'à huit kil. de la mer; elle présente deux longues côtes, de deux kil. environ chacune : la première, au départ de Fécamp, la seconde, à Cany, lorsqu'on a traversé la vallée de la Durdent.

Sur la route nationale, se détachent successivement à g. : 1°, un kil. au delà de Sainte-Hélène, le ch. qui conduit à la plage de Saint-Pierre-en-Port, en passant par Clainville (0.5), Ecretteville-sur-Mer (2) et la plage de Saint-Pierre-en-Port (2); 2°, à Anneville, le ch. conduisant aux Petites-Dalles, en passant par Sassetot-le-Mauconduit (3, et Les Petites-Dalles (2.4); 3°, à un kil. au delà de Ouainville, le ch. conduisant à Veulettes par Canouville (2.5), Malleville-les-Grés (2.8) et Veulettes (2.5).

Un autre itinéraire pour se rendre de Fécamp à Cany, plus long de sept kil., mais aussi plus pittoresque que le précédent, remonte la vallée de Valmont, en passant par Colleville (**6.6**), **Valmont** (**4.9** — *V.* page 62), **Ourville** (**7.5** — Ch.-l. de c. — 1.105 hab. — Hôt. de *France*), le château de Cany (**5**) et Cany-Barville (**2**). Sur ce trajet, la r. monte sans discontinuer entre Colleville et Ourville.

Au départ de Fécamp deux itinéraires se présentent selon l'hôtel où l'on s'est arrêté :

Si l'on a logé près de la plage, on reviendra par la rue des *Bains* jusqu'au croisement de la rue d'*Etretat*. Celle-ci, à g., descend aux bassins où l'on prend à dr. le quai *Bérigny* (Pavé : 12'). A l'extrémité du *bassin Bérigny*, devant le *bureau de la poste*, tournant à g., on va traverser plus loin le pont métallique, jeté entre le *nouvel avant-port* et le *bassin à flot*, pour gagner le quai *Guy-de-Maupassant* (1.3), où commence à dr. la r. nationale de Fécamp à Saint-Valery-en-Caux (*V.* ci-dessous).

Si l'on quitte l'un des deux hôtels de la place *Thiers*, on prendra, à l'angle N. de cette place, la courte rue qui communique avec la place *Saint-Etienne* contiguë. Sur la place Saint-Etienne, ayant tourné d'abord à g., puis à dr., devant l'église, on joindra aussitôt l'avenue *Gambetta* qui, à g., descend, au-dessus de la gare, située à dr. en contre-bas, jusqu'à l'entrée du quai *Bérigny* à hauteur du *bureau de la poste*. Ici, tournant à dr. (Pavé : 5'), on ira traverser plus loin le pont métallique, jeté entre le *nouvel avant-port* et le *bassin à flot*, pour gagner le quai *Guy-de-Maupassant*, où commence à dr. la r. nationale de Fécamp à Saint-Valery-en-Caux (**0.7**).

A trois cents m. du pont, monter (2') la r. de Saint-Valery, à g. (**0.3**), en laissant à dr. celle de Valmont (*V.* page 63). Deux cents m. au delà de cette bifurcation (**0.2**), on abandonne la r. nationale de Saint-Valery, par Cany-Barville (*V.* page 62), pour s'engager à g. sur le ch. de Senneville.

Le ch. de Senneville, qui s'élève pendant dix-sept cents m. (30') sur le flanc de la falaise, appelée *côte de la Vierge*, décrit deux lacets (magnifique panorama de Fécamp et de son port) avant de passer au-dessous du *sémaphore*, établi sur un ancien phare déclassé, et près de la *chapelle Notre-Dame du Salut* (**1.5**), celle-ci but de pèlerinage très fréquenté.

La rampe se termine un peu plus haut, en atteignant la plaine monotone qui recouvre la falaise. On laisse à dr. les tribunes du *champ de courses*, tandis que, à g., par intervalles, quelques échancrures permettent d'entrevoir la mer.

Descente dans le creux boisé de Senneville (**3.1**). Après avoir dépassé l'église de ce village, à un kil. environ, on prend le deuxième ch. à g. ; celui-ci, toujours à travers la plaine, présente deux côtes (4' et 7'), que sépare une courte descente très rapide, et conduit à la bifurcation des ch. de Bodeville et de Saint-Pierre-en-Port. Suivant cette dernière direction, à g., on côtoie la jolie *mare* d'Elétot (**3.6**), à dr., puis l'on descend presque aussitôt dans un pittoresque vallon, planté de hêtres et parsemé de gracieuses villas.

Au bas de la descente (**2.9**), négligeant à dr. le ch. direct du village de **Saint-Pierre-en-Port** (1.255 hab.), situé sur le plateau, on se dirigera à g. vers la mer. Un peu avant d'atteindre la *plage* (petit *casino*), le ch. tourne à dr. et passe devant l'entrée de l'hôtel des *Terrasses-et-de-la-Plage* (**0.8** — Très belle vue du jardin de l'hôtel).

A partir de cet endroit, la r. monte à Saint-Pierre-en-Port; mais les cyclistes, pour éviter un assez long détour, pourront prendre à g., trois cents m. au de[illegible] de l'hôtel, un nouveau ch. escarpé (Côte : 20') qui, rac[illegible]ur-cissant, laisse l'église du village à une certaine [illegible]tance sur la dr., et va rejoindre (0.7) la r. des Grand[illegible] Dalles qu'on doit suivre à g.

De nouveau on parcourt le plateau banal; à dr. remarquer une vieille *croix* en pierre. Plus loin, à la *borne 49*, commence une longue descente à travers un beau vallon planté d'arbres séculaires encadrant de nombreuses villas. Au bas de la pente (2.2), se détache à g. le ch. qui conduit aux Grandes-Dalles.

Le hameau de pêcheurs des **Grandes-Dalles** (0.8 — Hôt. de la *Plage* — Petit *casino*; entrée, 50 c.), modeste station balnéaire, fréquentée par des familles de goûts simples, possède une *plage* de dimension restreinte, mais bien abritée entre deux belles falaises.

La r. gravit l'autre versant du vallon par une longue côte de quatorze cents m. (18'), tracée au milieu d'une combe verdoyante, pour gagner Sassetot-le-Mauconduit (2.3).

Aux premières maisons de Sassetot, suivre à g. la belle avenue, sur laquelle sont disposés des bancs, conduisant au *château*, puis tourner à dr pour atteindre la place principale. Ici, inclinant à g, on passe devant l'église; quelques m. plus loin, on néglige à dr. le ch. de Cany-Barville (8.7); ensuite contournant, toujours à g., le parc du château (moderne), on arrive par une superbe descente ombragée à l'entrée des **Petites-Dalles** (1.9 — 217 hab. — Hôt. des *Bains*; des *Pavillons* — petit *Casino*), charmante station balnéaire, formée d'une agglomération de chalets et d'élégantes villas, dans un vallon parallèle à celui des Grandes-Dalles (*V.* ci-dessus). En continuant tout droit on aboutit à la *plage* (0.7).

Après avoir jeté un coup d'œil sur la mer, revenir sur ses pas et, trois cents m. au delà de l'hôtel des Bains, prendre (0.3) la première r. à g Longue côte en lacets (25') pour atteindre, après avoir laissé à dr. le ch. de Sassetot (1.7), le hameau de Vinchigny (1.7), où s'écarte à dr. le ch. de Ouainville (6).

Plus loin, à l'église de Saint-Martin-aux-Buneaux (**0.9**), en vue d'un portail encadré de lierre, on abandonne la direction de Paluel (7.2) et l'on tourne à g. en longeant le cimetière. La r. descend au hameau du Val (**1.3**), dans un joli creux boisé, puis s'élève (5') sur une plaine monotone qu'ondule un pli de terrain (Côte : 3'). A g., la nappe azurée de la mer limite un horizon étendu.

L'arrivée à Veulettes diffère de celle aux précédentes stations balnéaires; elle charme dans un autre genre. La r., qui domine le vallon d'arbres et de prairies au débouché duquel se trouvent les bains de Veulettes, semble conduire à une chute certaine du haut de la falaise. Cette impression est fugitive, car une pente savamment ménagée, décrivant des courbes gracieuses, conduit doucement, au milieu d'un site enchanteur, à la belle plage de **Veulettes** (**3.9** — 318 hab. — *Casino*).

Passant entre la galerie vitrée de l'hôtel de la *Plage* et les bains, on continuera devant soi pour traverser la large et sauvage vallée parallèle de la *Durdent*, petite rivière qu'on franchit au Pont-Rouge (**0.9**), où se détache à dr. le ch. de Paluel (3) et de Cany-Barville (8.2).

Ici, gravir à g. la r. de Saint-Valery qui s'élève à flanc de colline pendant quatorze cents m. (20'), tout en découvrant une vue d'ensemble sur les gras pâturages de la vallée et l'hémicycle de la plage de Veulettes.

Parvenu à l'église de Conteville (**1.7**), on laisse encore à dr. un autre ch. vers Paluel (2) et Cany-Barville (7.2); puis la r. ondule de nouveau sur l'une de ces trop monotones plaines des plateaux intermédiaires des plages.

Après une montée (5'), on atteint la lisière d'un bouquet de bois au milieu duquel s'abrite le hameau du Tot (**2.9**). Au sortir du taillis, apparait à g., dans le lointain, le sémaphore de Saint-Valery. Descente douce, ensuite plus rapide, vers **Saint-Valery-en-Caux** (Ch.-l. de c. — 3.553 hab.), petite ville avec port de pêche et de commerce, bâtie au débouché d'un vallon entre deux hautes falaises.

On entre dans Saint-Valery par la rue *Saint-Léger* qui aboutit au quai du *Havre*, vis-à-vis l'*avant-port*. Ici, tourner à dr. (à dr., belle maison en bois, dite *maison de Henri IV*), puis traverser à g. le pont qui fait communiquer le quai du Havre à la place de l'*Hôtel-de-Ville*.

De l'autre côté du pont, à l'angle de l'hôtel de la *Paix* (1er ordre — Sur la r. de Dieppe, vis-à-vis le pont. l'hôtel de l'*Aigle-d'Or*, simple), suivre à g. le quai d'*Amont* (Pavé : 3') conduisant à la place des *Bains*, devant la plage. Tourner à dr. sur la place des Bains et, après avoir laissé à g. l'entrée du *Casino* (75 c. du matin jusqu'au soir; 1 fr. à partir de 6 h.), on atteindra l'hôtel de la *Plage-et-du-Casino* (**1.9**).

Visite de la ville de Saint-Valery-en-Caux. — Sur la grande place de l'*Hôtel-de-Ville* s'élève le bâtiment sans intérêt de la *Mairie* devant lequel s'étend la place du *Marché*, celle-ci bordée à l'O. par la *chapelle Notre-Dame de Bon-Port*, plus fréquentée que l'église paroissiale, trop distante de la ville.

L'*église* paroissiale est située dans la campagne, à quinze cents m. à l'E. de la place du Marché. Pour s'y rendre, on suivra, derrière l'Hôtel de Ville, le cours de l'*Est*, belle allée ombragée qui borde le côté N. du *bassin de la Retenue*. A l'extrémité du bassin, en vue de la *gare*, prendre à g. le bd *Carnot*; sur ce bd, le deuxième ch. à g. va aboutir devant la façade de l'église, construite sur les ruines d'un ancien prieuré.

De l'extrémité des *jetées* de Saint-Valery (principalement de celle du *Nord*, du côté de la plage), on découvre une magnifique perspective de falaises se développant à perte de vue.

Pour mémoire. — De **Saint-Valery-en-Caux** à **Barentin**, *V.*, en sens inverse, page 46.

DE SAINT-VALERY-EN-CAUX A DIEPPE

Par Veules, Sotteville, Saint-Aubin, Quiberville-les-Bains, Sainte-Marguerite, le phare d'Ailly, Varengeville, le manoir Ango et Pourville.

Distance : **37** kil. **800** m. *Côtes :* **2** h. **15** min.
Pavé : **10** min.

Nota. — Itinéraire intéressant, mais très accidenté, qui permet de visiter les stations balnéaires situées entre Saint-Valery-en-Caux et Dieppe, le phare d'Ailly et le manoir Ango. Sur ce parcours, six rampes, longues d'un à deux kil. chacune, sont suivies de grandes descentes.

De Veules à Dieppe, directement par la route nationale, *V.* ci-dessous.

A l'angle N.-E. de la place de l'*Hôtel-de-Ville*, s'ouvre la r. de Dieppe, qui prélude par une côte de deux kil.(30') pour atteindre la bifurcation du ch. de Fontaine-le-Dun (11.3), laissée à dr. La r. de Dieppe, à g., continue à s'élever, mais plus modérément, pendant sept cents m. On traverse un large plateau dénudé, légèrement incliné en pente peu sensible. A hauteur de la *borne 72.3* (**5**), on croise le ch. de Paluel (13.3) à Veules (2.5), mais il est préférable de conserver la r. nationale dont la déclivité s'accentue bientôt vers le délicieux vallon de Veules, rempli de verdure et peuplé de charmantes villas.

Au bas de la descente, parvenu à hauteur de la *borne 75* (**2.7**), si l'on désire s'arrêter à **Veules**, dit aussi *Veules-les-Roses*, station balnéaire familiale (870 hab. — Hôt. des *Bains;* de la *Place* — A voir : les Cressonnières), on prendra à g. la *Grande-Rue*, ou rue *Victor-Hugo*. A partir de l'*église Saint-Martin*, la rue principale s'appelle rue *Carnot* et conduit au *Casino*, vis-à-vis la *plage* (**0.8**).

De la plage de Veules, revenir sur ses pas à la r. de Dieppe (**0.8**) ; mais ici, abandonnant la r. nationale (*V.* ci-dessous), on prendra de suite à g. le ch. de Sotteville, bordé d'une balustrade.

De Veules à Dieppe, la r. nationale passe par Le Bourg-Dun (**7**), Ourville-la-Rivière (**5**), Appeville (**10**) et Dieppe (**3**). Elle gravit une première longue côte (25'), puis ondule sur le sommet de la falaise, en laissant à dr. le village de La Chapelle-sur-Dun. Descente à la traversée de la vallée du *Dun*. Forte côte (15') au Bourg-Dun pour regagner le plateau, parcouru en ligne droite, puis descente rapide à Ourville-la-Rivière, où l'on franchit la *Saâne*. Une nouvelle rampe (15') ramène sur la falaise, dont la plaine monotone s'étend sur une longueur de sept kil.

Belle descente d un kil. vers Appeville, dans la vallée de la *Scie*. Après le pont, on monte encore longuement (25') avant de rejoindre la r. de Rouen, quinze cents m. avant Dieppe, ville où l'on entre par la rue *Gambetta*.

Pour mémoire. — De **Veules** à **Barentin**, V.. en sens inverse, page 45.

Le ch. de Sotteville, ayant gravi la côte (18' — Belle vue sur Veules), retrouve l'inévitable plateau de la falaise.

Dans le village de Sotteville-sur-Mer (**2.8** — Petite plage de bains; on y descend par un escalier taillé à même la falaise), incliner d'abord à dr., pour contourner une mare à g., et, à la première bifurcation, se diriger encore à g. Un pli de terrain creuse un moment la plaine (Montée : 3'), puis on descend vers le bois qui abrite le hameau du Mesnil-Gaillard (**1.5**). Une autre côte, plus longue (6'), précède la descente menant au gracieux village de **Saint-Aubin** (300 hab.), où l'on tourne à dr. en passant devant l'église (**2.1**).

A l'angle du cimetière, un ch., à g., conduit à la *plage* de Saint-Aubin (**0.4**). On y trouve seulement deux chalets et un restaurant où l'on peut louer des chambres.

Plus loin, la r. emprunte un instant la magnifique avenue du *château de Saint-Aubin*, ensuite, abandonnant la direction du Bourg-Dun (3), tourne à g. avant de franchir deux ponceaux et de traverser la vallée du *Dun*; à g., on aperçoit la plage dénudée de Saint-Aubin.

Petite côte très dure (10'), au hameau de Ramouville, sur l'autre versant de la vallée. Ayant regagné la plaine, on distingue vers le N., dans le lointain, le clocher de Quiberville et le phare d'Ailly, ce dernier plus éloigné.

A l'entrée de Quiberville (**3**), tourner à dr. en passant devant la croix. Après le village, une courte montée

(3') conduit au bord de la large vallée sans ombrage de la *Saâne;* ensuite une belle descente mène à la *plage*, d'aspect assez mélancolique, de **Quiberville-les-Bains** (**1.6** — Hôt. des *Bains*), petite station balnéaire de création récente.

Quand on aura traversé les prairies de la vallée, il faudra gravir la côte opposée (20'). Parvenu à l'église (très intéressante) du village de Sainte-Marguerite (**1.7**), les cyclistes, pour raccourcir et éviter les lacets de la r., monteront à g. (10') le large ch., bordé d'arbres, qui s'ouvre vis-à-vis l'église.

On gagne ainsi un plateau aride, sorte de lande de bruyères, d'où l'on aperçoit bientôt la tour blanche du phare d'Ailly, vers la g., derrière un rideau d'arbres.

Etant passé sous la ligne télégraphique du *sémaphore*, on atteint, près d'une croix, l'extrémité du plateau, en face du restaurant des *Sapins* (**1.1**). Ici, suivre à g. le ch. qui conduit au *phare d'Ailly* (**0.9**), planté sur la pointe du *cap des Roches*.

Pour visiter le **phare d'Ailly**, s'adresser au gardien (rétribution, 50 c.). De la plate-forme, on a un panorama merveilleux des côtes, qui s'étendent depuis Saint-Valery-en-Caux jusqu'à Cayeux. Voisin du phare, se trouve le bâtiment renfermant la machine à vapeur qui actionne la *sirène de brume*. A deux kil. du phare, flotte en mer une bouée sifflante, dite la *Vache à Nollet*.

Après la visite du phare revenir sur ses pas, par le même ch., jusqu'au restaurant (**0.9**), et reprendre à g. la r. de Dieppe. Celle-ci, charmante, conduit à un premier carrefour, situé à l'entrée de Varengeville, village ombragé de superbes futaies, où on laisse : à g., le ch. de l'*église*, cette dernière posée sur le bord de la falaise, et, à dr., le ch. de Longueil (4.8).

Dans Varengeville (**2.6**), parvenu vis-à-vis un débit, on abandonne la r. de Dieppe pour descendre à dr. le ch. romantique conduisant au *manoir Ango*. Un peu plus bas, ayant tourné à g., on s'arrêtera devant une barrière en bois, soutenue par deux piliers carrés en pierres et briques, qui sert d'entrée au manoir (**0.9**).

Le **manoir Ango**, construit par le célèbre armateur dieppois de ce nom, que le roi François Ier combla d'honneurs, est transformé aujourd'hui en ferme. Il comprend un ensemble de constructions entourant une cour rectangulaire, ornée d'arcades et de vestiges de médaillons sculptés, datés de 1542.

On traverse le manoir. et, sortant par la porte opposée, on suivra le ch. qui mène à un carrefour voisin. A ce carrefour, tourner dans l'avenue, bordée de magnifiques arbres, qui s'ouvre à g.; puis, au premier ch. qu'on rencontrera, se diriger à dr.

Peu après avoir dépassé la *borne 108*, au carrefour d'Hautot (**1.8**), faire attention de ne pas se laisser entrainer à dr. sur la r. de Saint-Aubin-sur-Scie (6.2), mais de continer à g. dans la direction de Dieppe.

Longue descente pour arriver à la plage de **Pourville** (**2.2** — *Grand-Hôtel* avec restaurant de 1er ordre — Beau *Casino*), élégante station de bains, composée de jolies villas, située au débouché d'une large vallée de prairies qu'arrose la *Scie*.

Quand on a franchi la rivière et traversé la vallée, très découverte, on gravit la falaise opposée par une rampe, dite de la *Grande-Côte*, qui s'élève en lacets pendant deux kil. (35'). Du sommet de la côte, et à la descente suivante, la vue se déploie splendide sur la vallée d'Arques et la ville de **Dieppe** (Ch.-l. d'arr. — 22.839 hab. — Station balnéaire très fréquentée : port important de pêche et de commerce — Spécialité : *objets d'ivoirerie*).

On arrive dans Dieppe par une rue rapide et encaissée, dite le *chemin du Prêche*. Plus bas, au tournant, vis-à-vis le n° 21, abandonnant la rue du Prêche, on descendra à g. la rue *Toustain;* puis, ayant croisé la rue de *Sygogne*, on continuera par la rue de la *Barre* (Pavé : 10'). La rue de la Barre se prolonge, au delà de la placette triangulaire du *Puits-Salé* (à g., hôtel de la *Paix*; à dr.. café des *Tribunaux*), par la *Grande-Rue*, artère principale de la ville. Plus loin, dans la Grande-Rue, s'ouvre à dr. la place *Nationale*, ornée de la *statue de Duquesne* et bordée au S. par l'*église Saint-Jacques*. Au fond de cette place, l'hôtel du *Commerce* est situé à g. (**5.1** — Café *Suisse*, arcades de la *Poissonnerie*).

Visite de la ville de Dieppe (environ 3 h., la visite du musée non comprise). — De la place *Nationale*, se diriger vers l'**église Saint-Jacques** et entrer dans l'édifice par le portail principal, orienté à l'O. Après avoir visité l'église, revenir vers la place Nationale, puis, au bas de cette place, suivre à dr. la *Grande-Rue* qui va déboucher à la place et aux *arcades de la Poissonnerie*, à l'angle des quais *Duquesne* et *Henri IV*, l'un des coins les plus vivants de Dieppe.

Le quai Henri IV, vis-à-vis, qui borde l'*avant-port*, passe devant la *gare maritime* et l'embarcadère des paquebots pour Newhaven (Angleterre); plus loin, il laisse à g. les vestiges de la *tour aux Crabes*, enclavés dans un pâté de maisons, puis tourne sous le nom du quai du Hâble, en côtoyant le chenal du port. Sur le bord opposé, se dresse une haute falaise que couronne la *chapelle de Notre-Dame de Bon-Secours*, voisine du *sémaphore*; au-dessous, de vastes *grottes*, creusées dans la paroi calcaire, abritent toute une population de pêcheurs ou de malheureux sans asile.

Le quai du Hâble aboutit à la partie N.-E. de la plage, au commencement de la *jetée de l'Ouest*. De l'extrémité de celle-ci on découvre une immense vue sur la plage de Dieppe, la mer et la longue ligne des falaises qui, à l'E., constitue une véritable muraille crayeuse, interrompue seulement par les brèches s'ouvrant à l'issue des vallons de Puys et de Berneval.

De la jetée, revenant sur ses pas, on suivra à dr. la vaste *terrasse-promenade*, longue d'un kil. et large de deux cents m., avec une spacieuse bande gazonnée, qui s'étend entre la plage et les belles constructions de la rue *Aguado*, où sont les principaux hôtels (*Grand-Hôtel*, des *Etrangers*, *Métropole*, *Royal*) et la *manufacture des tabacs*, cette dernière signalée par deux hautes cheminées.

A l'extrémité de la terrasse, vis-à-vis de l'*établissement des bains*, inclinant à g., on longe le jardin du casino pour arriver devant la grille d'honneur du magnifique **Casino de Dieppe** (entrée : de 7 h. à midi, 50 c.; de midi à 6 h., 1 fr.; de 6 h. à la fermeture, 3 fr.).

En face de la grille du casino, s'ouvre la vieille **porte du Port-d'Ouest**, flanquée de tourelles. Un peu plus loin, la rue *Alexandre-Dumas*, qui contourne à l'O. le jardin du casino, longe pendant environ deux cents m. le pied de la falaise, que commande le *château*, avant de finir au bord de la mer.

Revenu sur ses pas, on passera à dr. sous la porte du Port-d'Ouest; elle donne accès à la place *Camille Saint-Saëns*, bordée, a dr., par le *Théâtre* et, à g., par l'établissement des bains chauds.

Sur cette place, la rue de *l'Hôtel-de-Ville*, à g., passe aussitôt devant l'Hôtel de Ville, édifice très banal dans lequel est installé le **Musée** (ouvert, en été, tous les jours, le lundi excepté, de 11 h. à 5 h.; en hiver, les mardis, jeudis, samedis et dimanches, de 11 h. à 3 h.).

Vis-à-vis de l'Hôtel de Ville, la courte rue *Denys* communique avec la rue *Saint-Remy* qui, à dr., longe **l'église Saint-Remy.** Pénétrer dans l'église par le portail principal et en sortir de même; puis, continuant par le prolongement de la rue Saint-Remy, on aboutira au croisement de la rue de **Sygogne**, devant un original castel en briques, avec tour crénelée portant une horloge.

Ici, tournant à g., on gagne la petite place de la *Barre*, à l'angle de l'Hôtel de la Société Générale. A dr. de cet hôtel, la ruelle des *Chastes* mène, après avoir gravi un escalier et une rampe, à la porte du **Château** (pour visiter, s'adresser au gardien; gratification).

A la descente du château, traverser la place de la Barre, en négligeant à g. la rue de ce nom; puis, quelques m. plus loin, prendre à g. la rue *Claude-Groulard*. Celle-ci longe le **Palais de Justice** et le *square Carnot*, à dr., avant d'atteindre le **bassin Bérigny**. Au bas du square, la rue *Victor-Hugo*, à g., ramène, dans le centre de la ville, à la place du *Puits-Salé*, vis-à-vis de l'hôtel de la *Paix*, d'où, par la *Grande-Rue*, à dr., on peut aussi regagner la place *Nationale* et l'hôtel du *Commerce*.

Excursion recommandée au départ de Dieppe. — Le château d'Arques (14 kil. 400 m., aller et retour).

Itinéraire: Au sortir de l'hôtel du *Commerce*, tourner à g. et suivre la rue du *Mortier-d'Or* (Pavé: 4') qui, dépassé le chevet de *l'église Saint-Jacques*, se prolonge par la rue *Neuve*. Celle-ci aboutit à la place *Louis-Vitet*, qu'on traversera en biais, à dr., pour aller croiser la rue d'*Ecosse* et prendre la rue *Descroizilles*. Cette dernière débouche sur le quai *Bérigny*, devant le *bassin* du même nom. Ici, suivre le quai, à dr.; puis, parvenu à l'extrémité du bassin, tourner à g. sur le quai de *Lille*.

A l'angle S. du bassin, s'ouvre la rue *Thiers* dont le prolongement, la rue du *Général-Chanzy*, commence la r. d'Arques et franchit le passage à niveau de la *ligne de Rouen*.

La r., remontant la gracieuse vallée de la rivière d'*Arques*, court parallèlement à la *ligne de Neufchâtel* et laisse à g. le *champ de courses*. On dépasse le domaine du *prieuré d'Hacquenqueville*, à dr., ensuite le hameau de Bouteilles (**3.5**); un peu au delà, au bord de la r., remarquer la *croix de la Moinerie*. Légère montée, suivie d'une descente. On passe encore au hameau de Machonville, puis au-dessus de la gare de Rouxmesnil, avant d'atteindre une bifurcation, où s'élève un grand *christ* en bois, à l'entrée du village d'Arques-la-Bataille.

Ici, laissant à g. la direction de Martin-Eglise, on montera la r. à dr. qui conduit, au centre de la localité, à la place *Lombardie* (**3.2** — Hôt du *Château-d'Arques*), située à un carrefour de rues. La rue des *Bourguignons*, à g., descend à l'*église* paroissiale, (très intéressante), à deux cents m. ; la rue des *Halles*, à dr., monte à la place de la *Mairie*, également à deux cents m. Dans le haut de la place de la Mairie, à l'angle g., s'ouvre la rue où commence, presque aussitôt à dr., le ch. escarpé et en lacets qui va aboutir à l'entrée du *château d'Arques* (**0.5** — Pour visiter, s'adresser au gardien ; gratification).

Le château d'Arques, dont il ne subsiste plus que des ruines importantes, dût être bâti sur l'emplacement d'une ancienne construction romaine ; un profond fossé l'entoure. C'est sous les murs de cette forteresse qu'Henri IV livra la fameuse *bataille d'Arques* (21 septembre 1589) où il défit les ligueurs commandés par le duc de Mayenne.

Après avoir visité le château, ne pas manquer d'en faire le tour extérieurement ; vue admirable.

Pour mémoire. — De **Dieppe** à **Rouen**, *V.* l'itinéraire de la page 84.

DE DIEPPE AU TRÉPORT

Par Le Pollet, Puys, Bracquemont, Belleville, Berneval-les-Bains, Saint-Martin-en-Campagne, Biville-sur-Mer, Tocqueville, Criel et Flocques.

Distance : **32** kil. **100** m. *Côtes :* **1** h. *Pavé :* **12** min.

Nota. — Cet itinéraire, qui permet de visiter les petites stations balnéaires de Puys et de Berneval, présente quatre côtes, d'une longueur moyenne d'un kil. Belles et agréables descentes vers Puys, Berneval-les-Bains, Criel et Le Tréport.

Du Pollet à Saint-Martin-en-Campagne, directement par la route nationale, *V.* page 75.

En sortant de l'hôtel du *Commerce*, tourner à g., puis, encore à g., dans la courte rue *Saint-Jean* (Pavé :

12') qui aboutit sur le quai *Duquesne*, devant les *arcades de la Poissonnerie*. Ici, traverser le pont, vis-à-vis, jeté entre le *bassin Duquesne*, à dr., et l'*avant-port*, à g. De l'autre côté du pont, continuer à g. par le quai du *Carénage*; à l'extrémité de ce quai on franchira un second pont en fer, au-dessus du chenal qui relie l'arrière-port à l'avant-port. Sur l'autre rive, s'ouvre en face la *Grande-Rue du Pollet*, dans le quartier des pêcheurs.

On suit la Grande-Rue du Pollet et, parvenu au carrefour de rues où cesse le pavage, on abandonnera (**0.7**) la r. nationale d'Eu (*V.* ci-dessous), devant soi, pour monter à g. la rue de la *Cité-de-Limes* (Côte : 12').

La r. nationale, à dr., continue à gravir la Grande-Rue du Pollet, pendant quinze cents m. (20'), jusqu'à l'embranchement (**1.5**) du ch. de Neuchâtel-en-Bray, par Envermeu, laissé sur la dr. Elle se déroule ensuite en droite ligne sur un plateau, qui, quoique fertile et verdoyant, reste très monotone. On aperçoit à dr. les villages de Grèges et de Graincourt avant d'atteindre celui de Saint-Martin-en-Campagne, où vient rejoindre (**10.5**), à g., le ch. venant de Berneval-les-Bains (*V.* page 76).

Parvenu au sommet de la côte, on descend de suite dans le joli vallon de Puys. Au premier tournant, négligeant à dr. le ch. de Bracquemont, on continue à descendre jusqu'à la *plage* (**2.9**), en passant au pied du somptueux hôtel *Bellevue*.

La station balnéaire de **Puys**, mise à la mode par Alexandre Dumas, se compose uniquement de quelques riches villas et de l'hôtel, ce dernier construit en terrasse sur le versant de la falaise N.

De la plage, revenir sur ses pas, puis remonter à g. le délicieux ch. de Bracquemont, encaissé entre des haies d'arbres; côte très dure (10').

A g. du ch. de Bracquemont, dans la direction de la mer, se trouve l'emplacement d'un ancien camp romain, appelé la **cité de Limes.** Ce camp occupait un plateau, aujourd'hui désert et continuellement érodé par la mer, qui mesure une cinquantaine d'hectares, entouré d'un long remblai gazonné qu'un fossé défend de chaque côté. Sur ce lieu, il a été découvert des traces d'habitations, ainsi que des sépultures gauloises, romaines et mérovingiennes.

Dans le village de Bracquemont, dépassant une première grande mare, à g., on continuera tout droit. Plus loin, près d'une croix, laissant une seconde mare moins étendue, à dr. (**2.2**), on suivra à g. le ch. de Berneval-le-Grand.

On retrouve la plaine sur le plateau de Belleville (**1.7**). Au delà de l'église de cette localité, tourner à dr., ensuite, presque aussitôt, à g. ; un pli du terrain occasionne une brève montée (3').

A l'entrée du village de Berneval-le-Grand, tournant à g., on arrive à une place où se voit encore une mare (**1.1**). Ici, pour se rendre à la mer, traverser la localité à g., puis, un peu plus loin, à l'angle d'une maison, prendre à dr. le ch. de la plage.

Longue et rapide descente jusqu'à **Berneval-les-Bains** (**1.6** — Hôt. de la *Plage*), petite station balnéaire, située dans un vallon verdoyant où se sont élevées quelques villas.

De l'hôtel, on descend, à pied, au bord de la mer (**0.3**), par une curieuse tranchée naturelle entre deux falaises. Au-dessus de cette tranchée, la r., qui dessert les villas échelonnées à mi-côte, franchit une passerelle.

De Berneval-les-Bains, revenir sur ses pas et remonter (15') la côte qu'on a descendue. Toutefois les cyclistes, pour raccourcir et éviter de repasser à Berneval-le-Grand, lorsqu'ils seront parvenus presque au faîte de la montée (**1**), au lieu de tourner à dr. dans le ch. creux, bordé d'arbres, menant à Berneval-le-Grand, pourront continuer vis-à-vis par un ch. médiocre (à pied : 3'), qui, deux cents m. plus loin, regagne dans la plaine le bon ch. de Saint-Martin-en-Campagne.

A l'entrée de ce village, tournant à dr., on se dirige vers l'église (**2.8**), puis on suit le ch., en bordure du cimetière, qui va rejoindre (**0.7**) la r. nationale de Dieppe à Eu.

Cette r., à g., s'allonge sur un plateau peu intéressant ; elle s'élève pendant quatre cents m., puis descend insensiblement à partir de la *borne 112*. Successivement on dépasse Biville-sur-Mer (**2.1**) et Tocqueville-sur-Eu (**3**), ce dernier village au début d'une descente, de deux kil. et demi, surplombant un vallon aride et solitaire, qui vient se confondre avec la vallée de l'*Yères*, à l'entrée du bourg de **Criel** (Hôt. de *Rouen* — 969 hab.).

Ayant franchi le ponceau sur la rivière, on arrive à hauteur de l'église (**3.1**), où se détache à g. le ch. conduisant à la *plage*.

La belle plage de Criel, située à deux kil. du bourg, à l'embouchure de l'Yères, est une station balnéaire de création récente offrant un séjour calme par excellence. Près de la mer, on trouve l'hôtel de la *Plage*, un modeste *casino* et quelques villas ou chalets.

Au delà de l'église de Criel, la r., inclinant à g., monte assez durement pendant quatre cents m. (5'), puis s'élève modérément, à travers un vallon banal, jusqu'à la *borne 123* (**2.2**). Ici, abandonner la r. nationale, qui se dirige à dr. vers Eu (*V*. ci-dessous), et continuer à g. par le ch. du Tréport.

La r. nationale, à dr., monte encore, pendant un kil., sur le plateau; elle passe au hameau de la Pipe (**3.5**), dépendant du village d'Etalondes, laissé à g., dans la plaine, puis descend vers Eu (**3.5** — *V*. page 81).

On entre dans cette ville par le faubourg et la place de *Mathomesnil*. De l'autre côté de la place, la rue de *Normandie*, prolongée par la *Grande-Rue*, conduit à la place du *Président-Carnot* où se trouve situé à dr. l'hôtel du *Commerce-et-du-Cygne*.

Le ch. du Tréport, à g., continuant à s'élever pendant douze cents m. (15'), laisse un peu à dr. le hameau du Quesnay, puis court de nouveau sur le plateau.

Un kil. au delà du village de Flocques (**2**), commence une agréable descente, longue de deux kil. Après une tranchée, entre des talus gazonnés, la r. débouche, près d'un restaurant champêtre, à g., dans le haut du vallon d'où l'on découvre la ville du **Tréport** (4.919 hab. — Station balnéaire très fréquentée), située à l'embouchure de la *Bresle* qui y forme un port de pêche et de cabotage.

Deux cents m. plus bas, arrivé à la bifurcation du ch. d'Etalondes, à dr., on peut choisir entre deux itinéraires pour descendre en ville : les automobilistes *devront* suivre la r. qui, continuant devant eux, décrit un long lacet avant d'aboutir au quai *François Ier* (*V*. ci-dessous) par la rue de *Dieppe*; les cyclistes prendront de préférence le ch. à g., prolongement de celui d'Etalondes, qui descend dans le Tréport par les rues rapides *Suzanne* et de *Paris*. Au bas de la rue de Paris (Hôtel de *Calais*, simple, à dr., au n° 1), descendre (à pied : 1') la rampe du *Musoir*, à g., joignant le quai François Ier.

Le quai François Ier, à g., le long de l'avant-port et du chenal, mène à la place de la *Poissonnerie* qui touche celle de la *Batterie*, à g., où sont situés les hôtels de la *Plage* (Ier ordre) et des *Bains* (**1.2** — Cafés du *Commerce*; *Parisien*).

Visite de la ville du Tréport (environ 1 h. 1/4). — Derrière la halle de la poissonnerie part la *jetée de l'Ouest* d'où la vue, admirable, s'étend sur les deux plages du Tréport et de Mers, seulement séparées par le chenal et encadrées, à l'E. ainsi qu'à l'O., par les murailles à pic de deux gigantesques falaises.

De la jetée, en suivant à dr. l'*esplanade de la plage*, on passe devant l'élégante construction du **Casino** (entrée : 50 c.; la journée entière, 1 fr. 50; libre accès au café du Casino) et, plus loin, devant les *bains* en contre-bas d'une belle terrasse, bordée de coquettes habitations.

Parvenu à l'extrémité de l'esplanade, au pied de la falaise, prendre à g. la rue *Amiral-Courbet* qui va aboutir à la rue *Ch. Brasseur*. Ici, tourner à dr., puis, presque aussitôt à g., dans la rue de la *Falaise*.

> A l'angle des deux rues Ch. Brasseur et de la Falaise, commence un *escalier* de 380 marches, construit sur le flanc de la falaise, ou du *Mont-Huon*, qui permet d'atteindre un **Calvaire** d'où l'on jouit d'une vue splendide sur la mer et sur toute la région.

La rue de la Falaise rejoint la rue de la *Tour* qu'on monte à dr., pendant quelques m., pour tourner ensuite à g., dans la rue de l'*Anguainerie*. Celle-ci passe sous la *tour* carrée qu'occupe l'*Hôtel de Ville* (petit *musée* ouvert tous les jours, de 9 h. à midi et de 2 h. à 5 h.).

Au delà du passage voûté, la rue de l'*Hôtel-de-Ville* conduit au bas de la rue de *Paris* devant l'hôtel de *Calais*. A g. de cet hôtel, au-dessus des rampes du *Musoir*, un escalier conduit à **l'église Saint-Jacques** (fermée de midi à 2 h.) dont le porche sert de passage de communication avec la place de l'*Eglise* (en face, sur cette place, *maison* en bois sculpté).

De l'église Saint-Jacques, on regagnera l'hôtel.

DU TRÉPORT A DIEPPE

Par Mers, Eu, Criel, Tocqueville-sur-Eu, Biville-sur-Mer, Saint-Martin-en-Campagne et Le Pollet.

Distance : **37** kil. **300** m. *Côtes :* **52** min.
Pavé : **12** min.

Nota. — Cette route, plate entre Le Tréport et Eu, présente ensuite une forte montée d'un kil. à la sortie d'Eu et une côte, longue de deux kil. et demi, après Criel. Belles descentes vers Criel et Dieppe.

D'Eu à Dieppe, l'itinéraire étant celui de la route nationale, en somme peu intéressant et déjà connu en partie, entre Criel et Saint-Martin-en-Campagne, si l'on a fait précédemment le parcours de Dieppe au Tréport et si l'on ne tient pas à le recommencer en sens inverse, on pourra se rendre d'Eu à Dieppe par le ch. de fer (4 fr. 70; 3 fr. 20; 2 fr. 05; trajet en 1 h. 10 min.).

Dans Eu, pour se rendre à la gare (0.9) : de la place du *Président-Carnot*, on descend la rue de l'*Abbaye* (Pavé : 3'), puis l'on prend la rue de la *Poste*, la deuxième à g., qui aboutit au b^d^ *Hélène*. Suivre ce b^d^. à dr., ensuite tourner à g. dans l'avenue de la *Gare* qui franchit la Bresle et, plus loin, le *pont de la Trinité* près du bassin déversoir de la Buzine, à g.; en face, on aperçoit la gare.

A Dieppe, pour se rendre à l'hôtel du *Commerce* (0.6 — Pavé : 5') : au sortir de la cour de la gare, inclinant à dr., puis aussitôt à g., on traverse le pont tournant, entre le bassin Bérigny et le bassin Duquesne. De l'autre côté du pont, suivre le quai *Duquesne*, devant soi. Un peu avant d'atteindre la place de la *Poissonnerie*, au début des arcades, quitter le quai et prendre à g. la petite rue *Saint-Jean*. Celle-ci aboutit à la place *Nationale*, à l'angle de l'hôtel, à dr.

De l'hôtel de la *Plage*, ou de celui des *Bains*, au Tréport, on gagnera, par le quai *François Ier*, le *pont-écluse*, à g., qui sépare le *bassin de la Retenue des chasses* de l'*avant-port* et l'on traversera ce pont.

En continuant le quai François Ier, que prolongent le quai *Sadi-Carnot* et la *Grande-Rue*, on peut se rendre du Tréport à Eu par le ch. de la rive g. de la Bresle.

Ce ch., qui a l'inconvénient d'être suivi par la ligne du tramway, laisse le *champ de courses* à g., puis, faisant un circuit au-dessus des jardins du château d'Eu, qu'on aperçoit en contre-bas, à g., monte assez durement pour passer sous un pont reliant le parc du château au *bois du Parc*. Il descend ensuite vers Eu où l'on arrive par la place du *Vert-Bocage* et la rue du *Tréport*. Cette dernière aboutit à la place du *Président-Carnot* (**4** — V. page 81).

De l'autre côté du pont-écluse, le quai de la *République*, en bordure de la partie S.-E. de l'avant-port, conduit au pont sur la *Bresle;* celui-ci communique avec la place de la *Gare*.

Dépassé la gare du Tréport-Mers, tournant à dr., on se trouve sur l'avenue de la *Gare*, tracée entre la gare des marchandises, à dr., et le début de la *plage* de Mers, à g. Deux cents m. plus bas, on atteint les premiers chalets de **Mers** (**1.8** — 1.154 hab. — Hôt. du *Casino;* de la *Plage*, plus simple, en ville), station balnéaire presque aussi courue que celle du Tréport.

Ici, abandonnant l'avenue de la Gare, qui se dirige vers le centre de la ville, on suivra à g. la large *terrasse* au bord de la plage; à dr., s'étend une longue rangée de jolies villas de tous styles. Dépassé le *Casino* (entrée : 50 c., de midi à 6 h.; 75 c., de 6 h. à la fermeture) et les *bains*, parvenu à l'extrémité de la terrasse, au pied d'une énorme falaise, prendre à dr. la rue *Jules-Barni*, l'artère principale de Mers, qui aboutit à la place du *Marché*. Sur cette place, tournant à g., on passe devant l'hôtel de la *Plage* (**0.8**), situé à l'angle du ch. d'Ault.

Le ch. d'Ault, par le hameau de Blengues (**2.5**), laisse sur la g. le *bois de Cise* (propriété d'une société qui a ouvert plusieurs avenues bordées de chalets — Hôt.-rest. *Gambut*) et rejoint (**1.5**) la r. d'Eu à Saint-Valery-sur-Somme, près de l'une des extrémités de la commune étendue de Saint-Quentin-La-Motte-Croix-au-Bailly.

En suivant à g la r. de Saint-Valery, on atteint l'*auberge de Bellevue* (**1.8**). Ici, un ch. rapide, à g., se détachant de la r., descend entre deux talus et se prolonge jusque dans la rue principale d'**Ault** (**1.5** — Ch.-l. de c. — 1.819 hab. — Hôt. *Saint-Pierre* — *Casino*), station balnéaire de famille.

D'Ault on peut se rendre à **Onival** (**1.5** — Hôt. *Continental* — Petit *casino*), autre modeste station balnéaire, composée d'un hameau et de nombreuses villas en briques.

Cent m. au delà du ch. d'Ault, on atteint l'entrée de la *route nationale* d'Eu qu'il faut suivre à g. Cette r., à peu près plate, ombragée de beaux ormes, remonte la rive dr. de la vallée de la Bresle, dont la rivière sépare le dép[t] de la Seine-Inférieure de celui de la Somme et la Haute-Normandie de la Picardie; à dr., s'étendent de vastes prairies.

Après la *ferme de Froideville* (**1.8** — lait et œufs), entourée d'un petit bois, la r. monte légèrement; à g., sur une colline nue, apparait la chapelle Saint-Laurent (*V*. ci-dessous). On laisse à g. (**1**) la r. de Saint-Valery-sur-Somme (23.5) avant d'arriver au carrefour de la *place d'Amiens*, à l'entrée d'**Eu** (**0.1** — Ch.-l. de c. — 5.398 hab.), petite ville située à dr.

De la place d'Amiens se détachent, à g., un second ch. vers Saint-Valery-sur-Somme et la r. d'Abbeville (32), tandis que la r. nationale continue tout droit dans la direction d'Amiens (71), par Gamaches (15).

A g., à l'angle formé par les r. d'Abbeville et de Gamaches, un sentier, s'ouvrant à côté d'un café, conduit (à pied : 15') à la *chapelle Saint-Laurent*, bâtie sur le point culminant du plateau qui, au N., domine Eu. De cette chapelle on découvre une belle vue sur la région et la mer.

A la place d'Amiens, abandonnant la r. nationale, on tourne à dr. pour pénétrer en ville par la longue *Chaussée de Picardie* (Pavé : 15'). On passe devant le *quartier Morris*, à g., avant de traverser un premier bras de la Bresle. Plus loin, se détachent : après le passage à niveau du ch. de fer (**0.5**), la rue de la *Trinité*, à dr., conduisant à la gare d'Eu; ensuite, au delà d'un second pont sur la rivière, le ch. de communication n° 146, à g., par lequel on pourrait se rendre directement à la place *Mathomesnil* (1.2), située à l'extrémité opposée de la ville, au début de la r. de Dieppe (*V*. page 83).

La Chaussée de Picardie se prolonge par la rue montante de l'*Abbaye*. Celle-ci longe le pied d'un grand mur en briques, soutenant la terrasse qui porte l'*église Saint-Laurent*, et atteint la place du *Président-Carnot* au centre de la ville (**0.5**).

A g. de la place, après le café de *Paris* et les *halles*, s'ouvre la rue du *Collège*, à l'entrée de laquelle on trouve l'hôtel du *Commerce-et-du-Cygne*, occupant deux immeubles séparés par la rue.

Visite de la ville d'Eu (environ 1 h.). — De la place du *Président-Carnot*, se dirigeant vers l'O., on passera entre l'*Hôtel de Ville* et l'église pour se rendre sur la place contiguë d'*Orléans*.

Celle-ci est bordée, à l'O., par la grille d'entrée du **château** (sans intérêt à l'intérieur, mais entouré d'un *parc* considéré comme un des plus beaux de la France. Le parc, seul, est ouvert au public le dimanche) et, à l'E., par le portail principal de l'**église Saint-Laurent** (fermée de midi à 2 h. Pour visiter la crypte, qui renferme les *tombeaux des comtes d'Eu*, s'adresser au sacristain; gratification).

A la sortie de l'église, regagner la place du Président-Carnot et prendre à l'E. la rue du *Collège*, qui s'ouvre entre les deux hôtels du Commerce et du Cygne. Cette rue descend à la placette où s'élève la **chapelle du Collège** (à l'intérieur, les *mausolées* du duc de Guise le Balafré et de Catherine de Clèves; pour visiter, s'adresser au concierge du collège, à g. de la place).

Revenant de nouveau à la place du Président-Carnot, on prendra, à dr. du café de Paris, la rue de *Miribel* qui descend croiser la rue de la *République* (à g., *portail sculpté* d'un ancien couvent d'Ursulines) et mène au *champ de Mars*. Sur cette promenade, grand quadrilatère entouré d'arbres, on remarque, au fond et à dr., les ruines informes de deux tours qui défendaient jadis la *porte de l'Empire*, datant du XIIIe s.

Du champ de Mars, regagner l'hôtel par les mêmes rues.

Excursion recommandée au départ d'Eu. — La forêt d'Eu (15 kil. 900, aller et retour).

Itinéraire : Partant de la place du *Président-Carnot*, suivre la *Grande-Rue*, puis la rue de *Normandie*, pour gagner la place *Mathomesnil* (**0.6**). Sur cette place, prendre la r. de Neuchâtel-en-Bray, la deuxième à g. On la suit pendant sept cents m., et, après être passé sous la *ligne d'Eu à Dieppe*, on l'abandonne pour s'engager à g. (**0.7**) sur le ch. de Saint-Pierre-en-Val, par la *ferme des Hayettes* (**1.8**).

Au delà du village de Saint-Pierre-en-Val (**0.5**), parvenu à la *ferme de la Madeleine* (**1.5**), située dans la forêt à la jonction du ch. d'Eu à Blangy, par Beaumont-sur-Eu, on prendra la *route Clémentine*. Cette r., très sinueuse et montueuse, tracée en corniche, contourne des gorges et vallons sauvages dans l'une des parties les plus agrestes de la forêt; elle s'élève jusqu'au plateau appelé le *Mont-d'Orléans*, d'où l'on découvre une vue superbe sur la *forêt d'Eu* (9.390 hect.) et la vallée de la *Bresle*, cette dernière délimitant jadis les provinces de la Haute-Normandie et de la Picardie.

Du Mont-d'Orléans, si l'on est pressé, on descendra directement par un ch. en lacets au village d'Incheville (**1**), dans la vallée de la Bresle.

D'Incheville, pour regagner Eu, on a le choix entre deux itinéraires. Le premier, sur la rive g. de la vallée, court entre la ligne du ch. de fer, à dr., et la lisière de la forêt, à g.; successivement on passe près de la *ferme de Bois-l'Abbé* (**3.5** — Ruines romaines), à l'extrémité du village de Ponts-et-Marais (**1.3**) et enfin au hameau d'Harancourt (**1.3**), qui touche à la ville d'Eu (**0.7**).

Le second itinéraire d'Incheville à Eu, plus long de dix-sept cents m., croise la voie ferrée à Incheville, puis traverse dans toute sa largeur la vallée et ses belles prairies pour venir aboutir (1) à la r. nationale de Beauvais au Tréport. Celle-ci, à g., rencontre, l'un après l'autre, les villages de Bouvaincourt (1.5), d'Oust-Marais (2) et de Ponts-et-Marais (1), puis atteint la place d'*Amiens* (2) à l'entrée d'Eu. Ici, abandonnant la r. du Tréport, on tourne a g. pour suivre la *Chaussée de Picardie* (Pavé : 20') qui, prolongée par la rue de l'*Abbaye*, conduit à la place du *Président-Carnot*, dans Eu (1).

Du Mont-d'Orléans (*V.* ci-dessus), si l'on voulait prolonger l'excursion dans la forêt d'Eu, au lieu de descendre au village d'Incheville, on pourrait suivre l'avenue menant à la *maison forestière de la Madeleine* (1) et, de là, gagner, par le *val Mayeux*, la *route Adélaïde*, qui commence près de la *faisanderie de Saint-Martin-au-Bosc* (1,5 — Ancien prieuré).

La route Adélaïde serpente sous bois et va passer au *carrefour de Nemours* (2), au *Rond-Adélaïde* (2 — Obélisque élevé à la mémoire de Mme Adélaïde), puis atteint, après de grandes courbes, le hameau de Sainte-Adélaïde (1.5). De ce hameau on descendra au village de Longroy (1.5), dans la vallée de la Bresle.

A Longroy, prendre à g., en deçà de la ligne du ch. de fer, le ch. d'Incheville (4), par Gousseauville, qui longe le pied de coteaux sur la lisière de la forêt.

D'Incheville à Eu (6.8 ou 8.5), *V.* ci-dessus.

Dans Eu, au S. de la place du *Président-Carnot*, la *Grande-Rue* (Pavé : 15'), sinueuse, laisse, un peu plus loin à dr., la rue d'*Alsace-Lorraine*, et passe devant la *caserne Drouet;* elle se prolonge par la rue de *Normandie* jusqu'à la grande place semi-circulaire *Mathomesnil* (**0.6**) où viennent aboutir plusieurs r.

La r. de Dieppe, en face, de l'autre côté de la place, monte pendant un kil. (12') pour gagner le plateau et passer au hameau de la Pipe (**3**). Descente de trois kil. vers Criel (**5.7** — *V.* page 77), dans la vallée d'*Yères*.

Au delà de Criel, la r. s'élève pendant deux kil. et demi (10') avant d'atteindre Tocqueville-sur-Eu (**3.1**). Successivement on rencontre les villages de Biville-sur-Mer (**3**) et de Saint-Martin-en-Campagne (**2.1**), situés sur l'interminable plaine qui précède la magnifique descente vers Le Pollet (**12**), faubourg de **Dieppe.**

Au bas de la *Grande-Rue du Pollet*, on arrive aux *bassins* de Dieppe (Pavé : 12'). Après avoir traversé le pont tubulaire en fer, sur le chenal, suivre le quai du *Carénage*, en bordure de l'*avant-port*. Plus loin, ayant franchi un second pont, on coupe le quai *Duquesne*, en laissant à dr. la *Poissonnerie*, pour prendre vis-à-vis la petite rue *Saint-Jean* qui conduit à la place *Nationale*, à l'angle de l'hôtel du *Commerce*, à dr. (**0.7**).

DE DIEPPE A ROUEN

Par Saint-Aubin-sur-Scie, Longueville, Auffay, Saint-Victor-l'Abbaye, Clères, Malaunay et Maromme.

Distance : **63** kil. **600** m. *Côtes :* **1** h. **17** min.
Pavé : **1** h. **8** min.

Nota. — Cet itinéraire, un des plus jolis parcours dans la Haute-Normandie, suit les riantes vallées de la Scie et de la Clérette.

A l'exception d'une rampe d'un kil., à la sortie de Dieppe, et d'une côte précédant Saint-Victor-l'Abbaye, le reste du trajet ne présente que de faibles ondulations.

En quittant l'hôtel du *Commerce*, tourner à g. et suivre la rue du *Mortier-d'Or* (Pavé : 4'), qui, dépassé le chevet de l'*église Saint-Jacques*, se prolonge par la rue *Neuve*. Celle-ci aboutit à la place *Louis-Vitet*, qu'on traversera en biais, à dr., pour aller croiser la rue d'*Ecosse* et prendre la rue *Descroizilles*. Cette dernière débouche sur le quai *Bérigny*, devant le *bassin* du même nom. Ici, suivre le quai à dr.; puis, parvenu à l'extrémité du bassin, continuer devant soi par la rue *Claude-Groulard*, qui longe le *square Carnot* et le *Palais de Justice*. Tournant ensuite à g., derrière le palais de justice, on gravira la large rue *Gambetta*, début de la r. de Rouen (Côte : 12').

Arrivé au sommet de la rampe, à l'*octroi* (**1.7**), on laisse à dr. la r. nationale de Dieppe à Saint-Valery-en-Caux, par Ourville (10.8), puis, après deux nouvelles montées de quatre cents et de six cents m. (5' et 6'), perdant de vue la vallée d'Arques, à g., on atteint le carrefour (**2.2**) où s'écartent l'une de l'autre les deux r. de Gournay (70.5) et de Rouen.

La r. de Rouen, à dr., descend pendant deux kil. et demi vers la riante vallée de la *Scie*. On passe à Saint-Aubin (**2.9**), village situé au pied d'un coteau que domine le *château de Miromesnil*, l'une des plus belles habitations de la Normandie.

Plus loin, à Sauqueville (**1.8**), ayant traversé la rivière et la ligne du ch. de fer, on atteint, trois cents m. après le passage à niveau, la bifurcation (**0.1**) où se détache à dr. la r. nationale de Dieppe à Rouen (*V.* ci-dessous), qu'on néglige, pour continuer à g. le ch. de Rouen, par Auffay, les deux r. se rejoignant à Malaunay (*V.* page 88).

La r. nationale, plus courte de cinq kil. neuf cents m., mais peu intéressante, monte pendant deux kil. (25') pour atteindre un large plateau banal. Successivement elle traverse les villages d'Omonville (**6**), de Belmesnil (**3**), de Biville-la-Baignarde (**6**) et de **Tôtes** (**4.5** — Ch.-l. de c. — 650 hab. — Hôt. du *Cygne*).

La r. ondule légèrement entre Tôtes et Les Cambres (**12**), ensuite elle descend presque continuellement, très rapide et dangereuse, pendant deux kil., avant d'arriver à Malaunay (**5**).

Le ch. d'Auffay continue à remonter la délicieuse vallée de la Scie au milieu d'un paysage enchanteur. On passe au pied d'un joli *castel* en briques, flanqué de tourelles. Après deux courts raidillons (5'), viennent, en se succédant, Manéhonville (**1.9**), Anneville (**0.7**),

Crosville (**1**), Dénestanville (**1.2**), autant de gracieux villages, nichés dans la verdure parmi les arbres et les vergers.

A la sortie de Dénestanville, remarquer le beau *château*, situé à dr. sur une éminence; petite côte (3'). Plus loin, on laisse sur la g. **Longueville** (**2.5** — Ch.-l. de c. — 657 hab. — Hôt. de l'*Ecu-de-France* — Ruines d'un château qui fut possédé par Du Guesclin), une des localités les plus importantes du parcours.

Légère montée, s'accentuant (2'), pour atteindre, cinq cents m. au delà de Longueville, un carrefour où, faisant attention de ne pas se laisser entraîner devant soi dans la direction de Belmesnil (5.5), on aura soin de prendre à g. le ch. d'Auffay. On passe devant l'église et l'original petit *château de Saint-Crespin* (**1.3**). Un peu plus loin, à la *borne* 8.2, le ch., tournant brusquement à g., franchit le passage à niveau de la voie ferrée, puis la Scie, sensiblement diminuée de largeur.

Sous l'ombrage de beaux arbres, on monte (4') à flanc de coteau, en dominant la vallée qu'égayent de nombreux moulins.

Descente rapide de quatre cents m. au hameau du Catelier (**3.5**), ensuite le ch., presque plat, longeant la ligne, atteint le carrefour du Pont-Rouge (**1.5**), où se détache à dr. un autre ch. vers Belmesnil (6.6). Tournant à g., cinquante m. plus loin, on néglige encore à g. le ch. qui monte à Notre-Dame-du-Parc (1.1) et l'on continue à dr. dans la direction d'Auffay.

A Heugleville (**2**), s'écarte à dr. le ch. de Gonneville (4.5). Légère montée, puis descente vers le gros bourg d'Auffay (**1.5** — Hôt. de l'*Aigle-d'Or*).

Ayant traversé la place de l'*Eglise*, où l'on voit une *horloge*, surmontée d'un jaquemart, avec deux personnages, appelés *Houzou Benard* et *Paquet Sivière*, qui frappent les heures, on suivra vis-à-vis la rue passant devant les *halles*.

A l'extrémité de la place des Halles, tournant à dr., on croise le ch. de fer, puis, de l'autre côté de la voie, on continue à g. (Pavé : 4').

Au village suivant de Saint-Denis (**1.8**), légère montée. Cent m. après l'église, on néglige à dr. un ch. vers Tôtes (4 5) et l'on continue toujours à g.

La r. passe au-dessous de l'église de Vassonville (**1.1**); une petite côte (3'). A hauteur de la *borne 28*, remarquer sur la rive g. de la vallée une assez curieuse *tour* carrée, en briques rouges, voisine d'une sorte de pigeonnier; légère montée (2').

Deux cents m. après l'église de Saint-Maclou-de-Folleville (**2.1**), se détache, encore à dr., un second ch. vers Tôtes (4.9). On laisse à g. la gare du ch. de fer; à dr., se trouve la *source de la Scie*. La r. attaque la rampe (10') qui mène à Saint-Victor-l'Abbaye, sur la colline. Parvenu à l'église de ce village (**1.2**) tourner à g. dans la direction de Clères.

Descente rapide d'un kil. dans un joli ch. creux. Au bas, on croise de nouveau la ligne du ch. de fer, puis on s'élève (6'), à travers une campagne pittoresquement accidentée, pour atteindre l'agréable plateau, long d'environ cinq kil., qui sépare la vallée de la Scie de celle de la Clérette. Au carrefour d'Etaimpais, voisin du hameau de Lœuilly (**1.2**), on coupe le ch. de Bosc-le-Hard (1.3) à Tôtes (7.2).

La r., ondulée, passe à Grugny (**2**), ensuite s'abaisse dans un profond vallon boisé. Au bas de la pente, laissant à g. le ch. du Mesnil-Godefroy, on tourne à dr. pour traverser le bourg de **Clères** (**2.9** — Ch.-l. de c. — 770 hab. — Hôt. du *Cheval-Noir*).

A l'extrémité de la place de la *Halle*, la r., continuant à dr., longe le parc de l'élégant *château de Clères*, de style Renaissance, ensuite descend la ravissante vallée où coule la *Clérette*.

Successivement on rencontre le village du Tôt (**2.6**), entre deux montées de trois cents m. chacune (3' et 3'), puis le bourg de Monville (**1.2**), précédé également d'une petite rampe de deux cents m. (2').

Dans Monville, au confluent de la Clérette et du Cailly, en vue de l'église, suivre à g. la rue de la *République* passant devant l'église et l'entrée de la r. de

Bosc-Guérard (3.3) et d'Isneauville (9). A la sortie de Monville, une côte (1'), puis légère montée au hameau de la Maison-Rouge ; on descend ensuite jusqu'à Malaunay (**3.1**), où vient rejoindre la r. nationale de Dieppe à Rouen, par Tôtes (*V.* page 85).

A partir de Malaunay, la vallée perd son aspect pittoresque avec l'interminable faubourg industriel qui compose les localités contiguës du Houlme (**2.1**) et de Notre-Dame-de-Bondeville (**2.5** — petite montée). Après une côte (3'), on atteint, dans **Maromme** (Ch.-l. de c. — 3.860 hab.), la place de la *Demi-Lune* (**0.6**), où aboutit à dr. la r. du Havre, par Barentin et Yvetot (*V.*, en sens inverse, les itinéraires des pages 41 et 48).

Depuis Maromme, on longe la ligne du tramway en suivant le faubourg de Déville (**1.0**), pavé sur une longueur de deux kil. trois cents m. (30'). Parvenu un peu au delà de la *mairie*, à hauteur d'une propriété portant le n° 32, à g., si l'on veut éviter neuf cents m. de pavage, on devra abandonner la direction du tramway, dont la ligne, obliquant à dr., descend la r., et suivre devant soi la large avenue *Carnot*. Celle-ci gravit (4' — Belle vue) la butte du *Mont-Riboudet*, puis descend rapidement à la barrière en bois de l'*octroi* de Rouen où elle prend le nom d'*avenue du Mont-Riboudet*. Au bas de la côte, près de la *chapelle du Sacré-Cœur*, à g., on rejoint (**2.1**) la ligne du tramway.

L'avenue, qui devient pavée (30') à partir de la maison portant le n° 65, à dr., aboutit au bord de la Seine, à l'entrée de **Rouen**.

Successivement, on suivra les quais *Gaston-Boulet*, du *Havre* et de la *Bourse* jusqu'au débouché de la large rue *Jeanne-d'Arc* (**2**). Monter cette rue à g., jusqu'au croisement (**0.1**) de la rue de la *Grosse-Horloge*. Dans celle-ci, à dr., immédiatement après la voûte sous la tour de la Grosse-Horloge, se trouve situé l'hôtel du *Nord*, au n° 91 (**0.1**).

Nota. — Pour la visite de la ville de Rouen, *V.* page 19.

DEUXIÈME PARTIE

BASSE NORMANDIE

DE ROUEN A PONT-AUDEMER

Par Petit-Couronne, Grand-Couronne, Moulineaux, La Maison-Brûlée, Saint-Ouen-de-Thouberville, Bourg-Achard, Rougemontiers et Corneville.

Distance : **30** kil. **300** m. *Côtes* : **56** min.
Pavé : **27** min.

Nota. — Cette route présente une côte de deux kil. après Moulineaux, puis se déroule sur un large plateau, sans grand intérêt, jusqu'à la belle descente de deux kil. qui mène à Corneville dans la vallée de la Risle.

Au départ de l'hôtel du *Nord*, suivre à dr. la rue de la *Grosse-Horloge* (Pavé : 12') jusqu'à la place de la *Cathédrale* où l'on tourne à dr. pour descendre la rue *Grand-Pont*. Parvenu aux quais, traverser le *pont Boïeldieu*, vis-à-vis.

De l'autre côté de la *Seine*, inclinant à dr. sur la place *Carnot*, dans le fg Saint-Sever, on prendra la rue *François-Arago*, à g. de la *gare d'Orléans* (**0.9**). Cette rue passe sous la *ligne de raccordement* de la gare de Saint-Sever à la gare d'Orléans, puis, laissant à g. la place des *Emmurées* (Marché couvert), aboutit à un carrefour de rues, en face de l'une des entrées latérales de la *caserne Pélissier*.

Ici, obliquant à g., on s'engagera à dr. dans la rue *Tous-Vents* (Pavé : 2') dont le prolongement, la large *avenue de Caen*, conduit à la *barrière de Caen* (**1.5**).

La r. de Caen continue, très spacieuse, entre les maisons du Petit-Quévilly, localité industrielle, véritable faubourg de Rouen, jusqu'au *rond-point* du Petit-

Quévilly. A cet endroit, la chaussée incline à g. et se rétrécit en montant une légère rampe; à dr., on découvre les hautes collines boisées qui bordent la vallée de la *Seine;* de ce côté, on laisse, à une certaine distance, le village du Grand-Quévilly (**2.8**). Après avoir croisé la *ligne de Serquigny*, petite descente.

A l'entrée du village du Petit-Couronne (**2.6**), si l'on désire visiter la *maison de Corneille*, on devra quitter momentanément la r. et prendre à dr. la rue *Pierre-Corneille.*

Dans la rue Pierre-Corneille se trouve située, à quatre cents m., à dr., la **maison de Corneille.** Elle est désignée par une inscription qui mentionne son achat par le père du grand Corneille, le 7 juin 1608; Pierre en hérita en 1639. Le dép[t] de la Seine-Inférieure acquit cette demeure en 1874 et la fit restaurer en 1878.

A l'intérieur, on voit le *Musée Cornélien* (ouvert tous les jours, de 9 h. à 6 h., en été, à 4 h., en hiver; gratification), très intéressant, renfermant de nombreux objets, meubles, souvenirs divers se rattachant à la mémoire du célèbre poète.

Au delà de la maison de Corneille, le premier ch. à g., puis, dans celui-ci, le premier ch. à dr., ramènent à la r. de Caen.

La r. monte (3') dans Petit-Couronne, ensuite descend faiblement pour gagner **Grand-Couronne** (**1.2** — Ch.-l. de c. — 1.419 hab. — Villas et chalets). A la sortie du bourg, laissant à g. le ch. montagneux d'Orival (5.7) et d'Elbeuf (8.4), on continuera à dr. par la r. ombragée d'ormes. A g., un beau *château*, puis de jolies propriétés s'étagent sur le penchant de collines verdoyantes, aux abords du coquet village de Moulineaux (**3.1** — Restaurants).

A l'extrémité de Moulineaux, négligeant à dr. le ch. de La Bouille (3 — Promenade favorite des Rouennais — Hôt. *Saint-Pierre;* nombreuses maisons de campagne — localité dans une position délicieuse au bord de la Seine), on gravira la r. à g. qui s'élève, pendant deux kil. (30'), sur la colline et la lisière de la *forêt de la Londe.* A dr., vue magnifique de la vallée; à g., les belles ruines reconstituées d'un *château de Robert-le-Diable;* dans un enclos privé et fermé, dominent le paysage.

Après avoir coupé (1) le ch. d'Elbeuf (9.2) à La Bouille (2.5) et dépassé, à g. (1), le ch. du château de Robert-le-Diable (1.7), on atteint, au delà d'un taillis, l'agreste carrefour de la **Maison-Brûlée** (**0.9** — Hôt.-café-rest. *Chauvel*), situé sur la limite des dépts de la Seine-Inférieure et de l'Eure.

Ici, abandonnant la r. de Caen, par Bourgtheroulde à g. (*V.* page 122), et, laissant à dr. celle qui monte de La Bouille (2.4), on continuera devant soi dans la direction de Pont-Audemer, par Bourg-Achard.

Sur cette r., à cent cinquante m. de l'hôtel de la *Maison-Brûlée* (ainsi appelé parce qu'il a remplacé une auberge incendiée par *les chauffeurs* à la fin du XVIIIe s.), se voit à g. le *monument du Mobile*, élevé à la mémoire des soldats tués au combat de Moulineaux en 1871. Plus loin, une échappée permet d'apercevoir une boucle de la Seine, à une grande profondeur, sur la dr.; de ce côté, vient rejoindre (**0.8**) un autre ch. montant de La Bouille (2.2).

La r., faiblement ondulée, se déroule sur le *plateau du Roumois* et dépasse les villages successifs de La Chouque (**0.9**) et de Saint-Ouen-de-Thouberville (**1.6**); à g., deux *châteaux* sont précédés de majestueuses avenues. Après un plissement de terrain, on laisse à dr. (**5.1**) le ch. de Duclair (18), puis l'on arrive par une côte (5') à Bourg-Achard (**0.3** — Pavé : 4' — Hôt. de la *Poste*), gros village, situé au croisement de la r. d'Yvetot (31) à Bourgtheroulde (8).

Au delà de Bourg-Achard, une légère descente conduit au carrefour de la Fourche (**2**), d'où part, à dr., le ch. de Routot (4.6). La r. de Pont-Audemer, à g., s'élève un moment (4' et 3'), ensuite file toute droite et ondule mollement à travers une campagne plutôt nue, sans intérêt, parsemée de loin en loin de bouquets de bois et de pommiers. Après le village de Rougemontiers (**5**), où vient aboutir un autre ch. de Routot (2), on rencontre successivement les hameaux de La Chapelle-Brestot (**0.5**), à l'intersection du ch. de Routot (3.1) à Montfort (10), de l'Ecu-de-Brestot (**3.1**), puis le carrefour de Médine (**2.1**), à la croisée du ch. de Bourneville (4.3) à Montfort (7.4).

La r. s'abaisse insensiblement, puis descend rapidement en zigzags, pendant deux kil., un magnifique vallon, rempli d'ombrage, tributaire de la vallée de la Risle. Celle-ci est rejointe à un hameau dépendant de Corneville (**1.3**), village qui se trouve à g., à un kil., sur la r. de Brionne (21) par Montfort (8).

Un peu avant d'atteindre le hameau de Corneville, dans l'angle formé par la rencontre de l'ancienne et de la nouvelle r., s'élève un bâtiment original qui renferme le **carillon des cloches de Corneville.** Un gardien fait jouer ce carillon à la demande des visiteurs (gratification).

Au carrefour, la r., tournant à dr., monte une côte (3') et longe les coteaux de la rive dr. de la vallée, au-dessus de grasses prairies. On passe au hameau du Boulangar (**1**) et à celui des Baquets (**2.5**), ce dernier plus important par sa fabrique de tissage et sa filature.

Une dernière côte (8') précède la descente vers **Pont-Audemer** (Ch.-l. d'arr. — 5.908 hab. — A voir : l'église Saint-Ouen), ville située au confluent du ruisseau de Tourville et de la Risle, dans une position pittoresque, entre deux collines couvertes de bois.

On descend en ville par la rue de *Rouen* (Pavé : 9') ; au bas de cette rue, laissant à dr. le ch. de Bourneville (9.8), on tourne à g. pour traverser la place *Vallemont*, puis un pont sur la Risle. De l'autre côté du pont, la rue de la *République*, s'épanouissant en largeur, laisse sur la g. l'*église Saint-Ouen* et aboutit à l'entrée de l'étroite rue *Thiers*. Celle-ci franchit un bras de la rivière et débouche sur la place *Victor-Hugo*, qu'on traverse encore, pour gagner, en face, la rue *Gambetta*, où se trouve situé l'hôtel recommandé du *Lion-d'Or*, à dr., aux nos 14 et 16 (**2.5**).

Pour mémoire. — De **Pont-Audemer** à **Lillebonne.** *V.*, en sens inverse, page 36.

De **Pont-Audemer** à **Lisieux** (**36** kil. **400** m.), par Tourville-sur-Pont-Audemer (**2.8**), Les Préaux (**1.8**), Vallée-de-Préaux (**1**), Epaignes (**5.5**), **Cormeilles** (**6.5** — Ch.-l. de c. — 1.268 hab. — Hôt. de *Rouen*), Les Cheminées (**7**), Hermival (**6**), Les Anglement (**1.3**) et Lisieux (**4.5** — *V.* page 125).

De **Pont-Audemer** à **Caen** (**73** kil. **100** m.), par Saint-Germain-Village (**0.8**), Toutainville (**3.5**), Saint-Maclou (**4.1**), **Beuzeville** (**5.4** — Ch. l. de c. — 2.599 hab. — Hôt. de la *Poste*), Saint-Benoît-d'Hébertot (**6.0**), **Pont-l'Evêque** (**8** — V. page 102). **Dozulé** (**18** — Ch.-l. de c. — 917 hab. — Hôt. du *Lion-d'Or*), Goustranville (**4.5**), **Troarn** (**7.5** — Ch.-l. de c. — 662 hab. — Hôt. de *Normandie*), Banneville (**3**), Mondeville (**7.3**) et Caen (**3.8** — V. page 129).

DE PONT-AUDEMER A TROUVILLE

Par Toutainville, Saint-Maclou, Fiquefleur-Equainville, La Rivière-Saint-Sauveur, Honfleur, Vasouy, Criquebeuf, Villerville et Hennequeville.

Distance : **38** kil. **700** m. *Côtes :* **1** h. **38** min.
Pavé : **20** min.

Nota. — Cette route présente une côte de deux kil., depuis Toutainville, et une belle descente de trois kil. environ pour arriver à Fiquefleur-Equainville, après la traversée du plateau de Saint-Maclou.

Le trajet entre Honfleur et Trouville, quoique accidenté, peut être considéré comme un des plus jolis de la Normandie ; mais, sur ce parcours, la circulation automobile étant incessante, les cyclistes devront faire très attention.

Si l'on n'a pas retenu d'avance une chambre, il est quelquefois difficile de trouver à se loger, au mois d'août, à Trouville, vu l'affluence des promeneurs et des baigneurs. Dans le cas désagréable où la place manquerait en arrivant à Trouville, on aura toujours la ressource de se rendre par le ch. de fer (prix : 1 fr. 35 ; 0 fr. 90 ; 0 fr. 60 ; trajet en 15 min.) à la ville voisine de Pont-l'Evêque où il existe un bon hôtel (*V.* page 102). A la sortie de la gare de Pont-l'Evêque, au bas de la rampe, on suit à g. la rue *Ménars* qui aboutit au début de la *Grande-Rue-Saint-Michel*, où est situé, immédiatement à g., l'hôtel du *Bras-d'Or* (**0.5**).

Depuis Honfleur toutes les plages de la côte du Calvados sont à fond de sable.

Au départ de l'hôtel du *Lion-d'Or*, suivre à dr. la rue *Gambetta* (Pavé : 12'). On traverse la place du *Pot-*

d'Etain; ensuite, ayant croisé la *ligne de Glos-Montfort* à *Honfleur*, on continue par la longue rue *Jules-Ferry* conduisant à Saint-Germain-Village (**0.8** — Eglise intéressante), faubourg de Pont-Audemer.

La r. s'élève (3'), puis court entre deux belles haies touffues; elle coupe une seconde fois la voie ferrée avant de descendre franchir le ruisseau de la *Corbie*, affluent de la *Risle*, près du village de Toutainville, dans un agreste paysage.

A Toutainville (**3.5**), la r., obliquant à g., remonte pendant deux kil. (30'), le vallon de la Corbie, planté de grands arbres, ensuite atteint un plateau, faiblement ondulé. Au village suivant de Saint-Maclou (**1.1**), à l'intersection du ch. de Conteville (7.8) à Beuzeville (5.3) trois r. se présentent pour se rendre vers Trouville. Elles passent : la plus roulante (32 kil.), par Beuzeville, Saint-Benoit et Pont-l'Evêque; la plus courte (27 kil.), par Beuzeville, Saint-Benoit et Saint-Gatien; la plus pittoresque, celle du présent itinéraire, par Honfleur.

On laisse sur la g. une grande propriété, précédée d'une vaste pelouse (**1.1**); ensuite, ayant franchi un ruisselet, après une petite montée (3'), on descend insensiblement. Plus loin, au delà du hameau de La Terrerie (**4.1**), la r., négligeant la vieille chaussée (**1.3**), à dr., descend rapidement à g. vers le vallon boisé de la *Morelle* ; on commence à apercevoir la baie de la Seine. Presque au bas de la pente, le ch. de Beuzeville (8.1) se détache à g., un peu avant le village de Fiquefleur-Equainville (**2.7**).

La r., inclinant vers l'O., côtoie, à courte distance, l'estuaire de la Seine, et franchit la Morelle, au pont situé à la limite des dép^{ts} de l'Eure et du Calvados (**0.1**); petite montée (2'). On rencontre les villages d'Ablon (**0.7** — Fabrique de dynamite) et de La Rivière-Saint-Sauveur (**1**), celui-ci à l'embouchure de la rivière d'*Orange*, qu'on franchit; puis, après être passé sous la ligne du ch. de fer et avoir gravi deux côtes (1' et 5'), on atteint le faubourg *Saint-Léonard* à l'entrée de **Honfleur** (Ch.-l. de c. — 9.160 hab. — Port de pêche et de commerce).

Parvenu à hauteur du *cimetière* (**2.6**), négligeant à g. la rue montante *Saint-Léonard*, on descendra à dr. la rue de la *Gare*, qui longe la gare terminus de Honfleur. Au pied de la pente, négligeant devant soi le quai *Tostain*, suivre la rue *Victor-Hugo*, à g., et, à l'extrémité de cette rue, le quai *Le Paulmier*, encore à g., bordant le *bassin du Centre*; ensuite contourner ce bassin, en prenant à dr. le quai de la *Tour*. Ce dernier incline à g., à l'extrémité du bassin, pour passer devant le bâtiment carré de l'*Hôtel de Ville*, qui renferme également la *bourse* et le *tribunal de Commerce*.

On franchit un pont-écluse entre le *bassin* de *l'Ouest* et l'*avant-port*, puis, ayant laissé à g. la *Lieutenance*, reste d'un château du XVIe s., on tourne à dr. sur le quai *Beaulieu* (Pavé : 2') pour venir s'arrêter à l'hôtel du *Cheval-Blanc*, situé vis-à-vis du débarcadère très animé des vapeurs du Havre (**1** — Café *Fleury*).

Visite de la ville de Honfleur (environ 1 h. 3/4, ou 3 h., en comprenant l'excursion à la chapelle Notre-Dame de Grâce). — Le quai *Beaulieu*, à g., en sortant de l'hôtel du *Cheval-Blanc*, conduit à l'entrée du port et à la *jetée de l'Ouest*, en laissant à g. le b^d^ *Carnot*, qui se termine au *phare de l'Hôpital*, près de l'*établissement des bains de mer* (peu fréquenté, la plage étant plutôt vaseuse). De l'extrémité de la jetée, la vue est superbe sur l'embouchure de la Seine, Le Havre et les côtes de la Seine-Inférieure.

Regagnant le quai Beaulieu, au delà de l'hôtel du Cheval-Blanc, on arrive à la place *Hamelin*, d'où part à dr. la rue *Gambetta*, bordée de *vieilles maisons* (les plus remarquables aux n°s 15 et 31).

De la place Hamelin, inclinant à g., on passera auprès de la *Lieutenance*, débris du vieux château dans lesquels est enclavée la *porte de Caen*, qui faisait partie autrefois des remparts de la ville, et l'on traversera le pont-écluse, vis-à-vis, pour se diriger vers l'*Hôtel de Ville* (petit *musée* ouvert le jeudi et le dimanche, de 1 h. 1/2 à 4 h. 1/2, tous les jours pour les étrangers).

A dr. de l'Hôtel de Ville, le quai *Saint-Etienne* longe le *bassin de l'Ouest*, entouré de maisons pittoresques, et passe devant l'ancienne **église Saint-Etienne**, affectée aujourd'hui au *Musée Normand d'art populaire*. Dans la ruelle, dite rue de la *Prison*, à dr. de l'église, se trouve la **Maison du Vieux Honfleur** contenant aussi un *musée d'ethnographie normande* (pour visiter ces deux musées, s'adresser au gardien à la maison du Vieux-Honfleur; 25 c. par personne).

Parvenu à l'extrémité du quai Saint-Etienne, on traversera à g. la place *Thiers*, plantée de marronniers, et, arrivé près du *kiosque de musique*, tournant à dr., on atteindra aussitôt, dans un retrait de la place, la rue *Notre-Dame*, à g., qui monte à la place et à l'**église Saint-Léonard**.

Le dos tourné a cette église, prendre, en face du portail, la rue *Cachin*. Celle ci va aboutir à la large rue transversale de la *République*, début. à g., de la r. de Lisieux, magistralement ombragée d'arbres splendides. Descendant la rue de la *République*, à dr., un peu avant d'arriver au bassin de l'Ouest, masqué par l'affreux bâtiment de la *petite poissonnerie*, on prendra à g. la rue du *Dauphin*. Cette rue, ayant obliqué plus loin à dr., débouche à la place de l'*Obélisque* devant la curieuse **église Sainte-Catherine**, bâtie entièrement en bois à l'exception d'une massive façade en maçonnerie.

Entrant dans l'église par la porte latérale S., on en sortira par le portail principal qui s'ouvre à l'O. vis-à-vis un original *clocher*, isolé, soutenu par des poutrelles, couvertes d'ardoises.

De l'église Sainte-Catherine, si l'on est pressé, on regagnera de suite l'hôtel par le quai Beaulieu, au chevet de l'église.

Si l'on dispose de tout son temps, on ne devra pas manquer de faire l'ascension de la *côte de Grâce*, qui porte une *chapelle* but de pèlerinage très renommé (une heure aller et retour). La rue du *Puits*, à g. de l'église Sainte-Catherine, mène à une placette triangulaire où commence à g. le ch. de Canapville. Sur ce ch., à cent m. de la placette, se détache à dr. un autre ch. de piétons, des plus escarpés, qui, par des lacets très durs, gravit le versant E. du *Mont-Joli*. Parvenu au plateau de Grâce, ayant dépassé une propriété que précèdent deux pavillons [illegible]ées, on continuera par l'avenue à dr. Au delà de l'hôtel du *Havre*, après une pelouse gazonnée, plantée d'ormes séculaires, laissée à dr., on arrive à la **chapelle de Notre-Dame de Grâce**.

De la chapelle, se dirigeant vers le *calvaire*, élevé sur le rebord opposé du plateau, on découvre un panorama merveilleux sur l'embouchure de la Seine. A dr. du calvaire, une r. de voiture, accusant 12 à 15 0/0 de pente, ombragée de superbes arbres, descend rejoindre la r. de Honfleur à Trouville. A l'embranchement, tournant à dr., on rentrera à Honfleur en suivant successivement les rues de *Grâce*, des *Capucins*, du *Puits*. Après l'église Sainte-Catherine, la rue *Prémord*, à g., ramène au quai Beaulieu et à l'hôtel.

Pour mémoire. — De **Honfleur** au **Havre**, *V.*, en sens inverse, page 43.

De **Honfleur** à **Lisieux**, *V.*, en sens inverse, page 126.

Dans Honfleur, quittant l'hôtel du *Cheval-Blanc*, on suit à dr. le quai *Beaulieu* (Pavé : 6'), puis, ayant traversé la place *Hamelin*, on monte, au chevet de l'église Sainte-Catherine, la rue *Prémord*, qu'on abandonne presque aussitôt pour prendre à dr. la rue du *Puits*. Dans celle-ci, la rue des *Capucins*, la première à dr., prolongée par la rue de *Grâce*, commence la r. de Trouville. A l'extrémité de la rue, on laisse à g. (**0.5**) le ch. de la *côte de Grâce* (*V.* page 96).

La r. de Trouville monte (4') pour passer devant l'hôtel *Saint-Siméon*, à dr., entouré de vergers; ensuite, sinueuse, elle descend, puis ondule fortement (Côtes: 10' et 2'), à peu de distance de la mer, sous des ombrages magnifiques, formant arcades de verdure, entre des villas et des hameaux enfouis au milieu d'une végétation luxuriante. A g., se détache (**2.3**) une seconde charmante allée qui gravit la côte de Grâce.

Petite descente rapide vers Vasouy (**0.5**), suivie d'ondulations jusqu'à Pennedepie (**2.1**), ces deux villages noyés dans un délicieux fouillis d'arbres; à l'angle de la *mairie* de Pennedepie vient rejoindre le ch. d'Honfleur (6.8), par Equemauville (3.7).

On franchit deux ruisselets avant d'atteindre la bifurcation du hameau de La Planche-de-Pierre (**1.7**) où se détache à g. le ch. de Touques (8.1); deux montées (2' et 4').

Six cents m. plus loin, au romantique village de Criquebeuf (**0.6**), on voit à g., sur le bord du ch., la fameuse petite *église* dont les murs et le clocher sont capitonnés de lierre.

Après une montée (5'), entre des villas fleuries, une descente rapide mène au bourg de **Villerville** (**1.8** — 1.091 hab. — Hôt. des *Parisiens*; *Continental*), petite station balnéaire, pittoresquement située sur une pointe de la côte.

A l'angle de l'église, la *Grande-Rue*, à dr., continuée par la rue des *Bains*, descend rapidement à la *plage* (**0.4**) où existe un petit *casino* en bois, avec café-restaurant.

Dépassé Villerville, la r. gravit une rampe dure (7'), sur le penchant d'un vallon découvert, et laisse à g. un beau *calvaire* en granit. La rampe se prolonge ensuite plus douce, bordée de haies qui masquent des villas et des chalets, puis on descend au hameau du Grand-Bec (**1.5**). Après une côte (5'), l'océan reparaît à dr.; la r. longe le pied de hautes falaises calcaires, crevassées, à g., ensuite elle s'abaisse vers Hennequeville (**0.7**).

D'Hennequeville, partent à dr. deux avenues qui descendent à une petite *plage* en formation où l'on trouve un café et un modeste établissement de bains.

Nouvelle côte (5') au hameau de Lieu-Godet, à peine entrevu, puis grande descente pour gagner le *bureau de l'octroi* (**1.3**) de Trouville où commence à dr. le bd d'*Hennequeville*.

Trois cents m. plus bas (**0.3**), abandonnant le bd d'Hennequeville, on devra prendre à dr. la *route particulière*, dite de la *Corniche*. Cette r., à pente très rapide, domine la plage de Trouville, étendue sur une longueur de douze cents m., entre la *jetée-promenade* et la *jetée de l'Est*, et pénètre en ville, près du superbe hôtel des *Roches-Noires* (1er ordre).

Suivant la rue d'*Orléans*, on aura soin, à la première bifurcation, de négliger à dr. la rue *Pasteur* qui mènerait dans la direction de la plage. La rue d'Orléans, à g., aboutit au carrefour formé par la rue transversale de la *Mer* et le croisement de la rue des *Bains*.

Ici, se trouve situé, immédiatement à g. dans la rue des Bains, l'hôtel *Tivoli* (**1.2**), précédé d'un jardin, au centre même de **Trouville** (Ch.-l. de c. — 6.137 hab. — Port de pêche et de commerce), la plus célèbre des stations balnéaires de la Normandie.

Visite de la ville de Trouville (environ 3 h. 1/2). — A la sortie du jardin de l'hôtel *Tivoli*, suivre la deuxième rue à dr., la rue des *Bains*, qui aboutit à la rue transversale *Victor-Hugo*. Dans cette rue, non loin à dr., s'élève **l'église Notre-Dame des Victoires**.

Croisant la rue Victor-Hugo, on prendra, vis-à-vis, la rue de *Paris* à dr., l'hôtel de *Paris*, 1er ordre) pour déboucher à la *plage*, en face de l'*établissement des bains*. Sur la plage, s'allongent les fameuses *planches de Trouville*, la promenade favorite des baigneurs.

En suivant les planches, à dr., on atteindra, au delà de nombreuses villas, l'extrémité N.-E. de la plage, devant l'hôtel monumental des *Roches-Noires*.

Ici, à dr., une rue, presque à pic, rejoint la rue d'*Orléans*, au-dessous de la rampe de la *route de la Corniche* (*V.* page 98). La rue d'Orléans, à g., mène à la **Jetée-Promenade** (entrée : 10 c.), longue digue, en forme de pont, terminée par une plate-forme où se trouvent un café-restaurant et l'un des débarcadères du bateau du Havre (*V.* page 43).

De la jetée-promenade, revenir sur ses pas aux planches de la plage, qu'on suivra dans toute leur longueur. Après avoir dépassé l'établissement des bains et l'angle de la rue de Paris, on rencontre successivement, à g. : le **Grand Casino-Salon**, le rendez-vous de toute la fashion (entrée pour un jour ordinaire : 1 fr., du 1er au 13 juillet ; 3 fr., du 14 juillet au 15 septembre ; 2 fr., du 16 septembre au 30 septembre), puis l'**Eden-Casino**, spacieux café-concert, entouré de galeries en bois abritant divers magasins, et enfin la brasserie-restaurant de la *Plage*.

Arrivé à hauteur du *sémaphore*, devant la *jetée de l'Est*, tourner à g. et longer le parapet du chenal jusqu'au *bac de Deauville*, en laissant à g. le joli *square de la Cahotte* (concerts), ainsi que l'*Hôtel de Ville*, celui-ci masqué par une *halle*.

Traversant le chenal de l'avant-port avec le bac (5 c.), on aborde, vis-à-vis, au quai de la *Touques*, sur le terre-plein qui s'avance entre la rivière, formant le *port d'échouage*, et une série de bassins. Ici, pour gagner le territoire de Deauville, on franchira le pont de l'écluse devant soi, ou bien, si l'écluse était ouverte, le pont, jeté un peu en amont à g., entre le *bassin à flot* (nombreux yachts de plaisance) et l'*avant-bassin*.

De l'autre côté de ces ponts, on est dans **Deauville**, station aristocratique, aux larges voies, plutôt solitaires, bordées de propriétés entourées de jardins, dont l'aspect, rempli de calme et de silence, diffère essentiellement du bruyant Trouville. Tournant à dr. sur le quai, on atteint bientôt la *terrasse*, grande chaussée qui s'étend devant la mer, sur une longueur de dix-sept cents m., entre un vaste espace gazonné et tout un alignement de luxueuses villas. A l'angle du quai et de la terrasse, le *Pavillon-chalet du Touring-Club de France* s'élève dans un cadre de verdure et de fleurs.

> Pendant la saison balnéaire, le **Pavillon-chalet du Touring-Club de France** est ouvert tous les jours, de 8 h. du matin à 7 h. du soir. Les membres du T. C. F. et des diverses sociétés sportives y trouvent une salle de réunion, une bibliothèque et un secrétaire en permanence chargé de fournir tous les renseignements utiles en faveur du tourisme.

L'établissement des bains de mer de Deauville, aujourd'hui moins fréquenté que jadis, est situé à peu près au centre de la terrasse. Si l'on désire limiter de ce côté la promenade, on prendra ici, à g., la rue *Edmond-Blanc* (à g., *Grand-Hôtel*), qui, prolongée par l'avenue de l'*Hippodrome*, vient aboutir, au S.-E. de Deauville, à l'avenue de *Villers*, sur la r. de Trouville à Cabourg (*V*. page 103) et, cent m. plus loin, à l'entrée du *champ de courses*.

Pour regagner Trouville, suivre à g. l'avenue de Villers. Après un premier pont, jeté sur les bassins, on passe devant la gare de Trouville-Deauville, puis l'on franchit la Touques sur un pont en pierre. De l'autre côté du pont, on tourne à g. et l'on suit, le long du port d'échouage, le quai *Joinville*, puis le quai *Tostain*. Entre ces deux quais, s'ouvre à dr. la rue *Notre-Dame* qui monte à l'**église Notre-Dame de Bon-Secours**.

Parvenu à l'extrémité du quai Tostain, là où commence le quai *Vallée*, on voit à g. le bâtiment de la *Poissonnerie*, tandis qu'à dr. la rue des *Bains* ramène à l'hôtel *Tivoli*.

Excursions recommandées au départ de Trouville. — Touques, les **ruines des châteaux de Bonneville** et de **Lassay,** le **prieuré de Saint-Arnoult** et le **château de Glatigny** (**25** kil. **200** m., aller et retour).

Itinéraire: On sort de Trouville par la r. de Pont-l'Evêque qui commence à la place du *Pont*, à l'extrémité du quai Joinville (**0.7** du centre). Cette r., remontant la rive dr. de la *Touques*, longe à g. le domaine du *château de l'Epinay* avant d'atteindre Touques (**2.3** — Hôt. de la *Marine* — A voir : les églises Saint-Thomas et Saint-Pierre; anciennes halles), bourg qu'on traverse en suivant une longue rue bordée de quelques vieilles maisons en bois.

A la sortie de Touques, laissant : à dr. (**0.4**), la r. de Tourgéville, et, à g., le *manoir de Mautry*, dans l'enclos du haras de Rothschild, on continuera par la r. de Pont-l'Evêque pour arriver bientôt au pied des collines qui portent Bonneville-sur-Touques (**1**) et les ruines d'un *château* (on ne visite pas), autrefois résidence de Guillaume le Conquérant.

Revenir à l'entrée de Touques (**1**) et prendre à g. la r. de Tourgéville. Celle-ci franchit la rivière (belle vue sur la mer, à dr., et les immenses prairies de la vallée, à g.), puis croise successivement les *lignes de Lisieux* et de *Cabourg*.

Quatre cents m. après le croisement de la ligne de Cabourg, on rencontre un carrefour (**1.2**), où vient aboutir à dr. un ch. vers Deauville (*V*. page 101).

Ici, abandonner la r. de Tourgéville (*V*. page 101), qui s'éloigne à g., et gravir vis-à-vis (20') le ch. ombreux, montant, par la chapelle du *prieuré de Saint-Arnoult* (débris pittoresques de l'église au milieu d'un beau massif d'arbres; crypte avec vieux tombeaux), aux ruines du *château de Lassay*.

Dépassé la chapelle, le ch. se perd dans les herbages avant d'atteindre les ruines, peu importantes d'ailleurs, du château qui couronne le sommet du *Mont-Canisy* (**1.3** — Alt. : 101 m. — Splendide point de vue).

Du Mont-Canisy, redescendre au carrefour de la r. de Tourgéville (**1.3**), où l'on aura le choix : soit de rentrer aussitôt à Trouville (*V.* ci-dessous), soit de continuer l'excursion jusqu'au château de Glatigny.

Dans ce dernier cas, on suit à dr. la r., bien ombragée, qui, remontant le vallon d'un ruisseau affluent de la Touques, conduit, après avoir coupé la ligne de Cabourg, au village de Tourgéville (**2.5**).

Derrière l'église de Tourgéville, s'ouvre un joli ch. qui mène au *château de Glatigny* (**3**), en partie de style Louis XIII.

Du château de Glatigny, on regagnera, par Tourgéville (**3**), le carrefour (**2.5**) des r. de Touques et de Deauville. A ce carrefour, le ch. de Deauville, se détachant à g. de la r. de Touques, court entre le *vieux bras* de la Touques, à dr., et le Mont-Canisy, à g. ; plus loin, il longe le *champ de courses* et vient aboutir, près de l'église du Nouveau-Deauville (**2.8**), à l'avenue de *Villers*.

Suivant l'avenue de Villers, à dr., on ira traverser le pont jeté entre le *bassin de retenue* et le *bassin à flot*, puis, après être passé devant la gare et avoir franchi la Touques, on arrivera à la place du *Pont* (**1.5**), dans Trouville. Les quais, à g., ramènent vers le centre de la ville (**0.7**).

La **forêt de Touques**, le **château de Saint-André-d'Hébertot** et **Pont-l'Évêque** (**37** kil., aller et retour).

Itinéraire : Un peu au delà de la place du *Pont* (**0.7** du centre), la rue d'*Aguesseau*, se détachant à g. de la r. de Pont-l'Évêque, commence le *chemin d'Aguesseau*.

Celui-ci, bordé au début de villas et de chalets, gravit une longue côte de deux kil. et demi ; il longe le superbe parc de la *villa des Annelles*, à g., puis passe devant l'ancien *château d'Aguesseau*, de l'époque Louis XIII. On continue à monter, sous de magnifiques arbres, jusqu'au *carrefour de la Croix-Sonnet* (**3.3**), situé, au croisement de la r. de Honfleur à Touques, sur un plateau couvert de pommiers et de vergers.

De l'autre côté du carrefour, le ch. pénètre bientôt dans la belle *forêt de Touques* (2.800 hect.), en partie morcelée en plusieurs propriétés privées, et la traverse jusqu'au delà du *carrefour Saint-Philibert* (**3.8** — *Statue de Notre-Dame des Bois*), qui précède la commune de Saint-Gatien (**1.5**), sur la lisière de la forêt.

Huit cents m. après l'église de Saint-Gatien, le ch. coupe (**0.8**) la r. de Honfleur (9) à Pont-l'Évêque (7), traverse quelques champs, puis, rentrant en forêt, se déploie sous la forme d'une délicieuse avenue. On longe à g. le *bois de la Frémonderie*, tandis qu'à dr., plus loin, on découvre la vallée de la *Calonne*, noyée dans un océan de verdure.

Le ch. d'Aguesseau aboutit (**6**), hors des bois, à la r. de Beuzeville à Pont-l'Evêque (*V.* page 93). Ici, de l'autre côté de cette r., un autre ch. conduit à l'église de Saint-Benoît-d'Hébertot (**0.5**) d'où l'on pourra gagner le *château de Saint-André-d'Hébertot* (**1** — Parc seul ouvert au public le dimanche; s'adresser au concierge). Ce château, avec donjon et bâtiments entourés de douves, est admirablement situé dans le creux d'un ravissant vallon, ombragé d'arbres séculaires et entouré de collines couvertes de sapins.

Du château, on ira rejoindre (**1.8**) la r. de Beuzeville à Pont-l'Evêque, près du croisement de la *ligne de Pont-l'Evêque à Honfleur*. Prenant à g. la r. de Pont-l'Evêque, cinq cents m. plus bas on néglige à g. (**0.5**) la r. de Cormeilles et l'on continue à dr., en descendant la verdoyante vallée de la Calonne, aux paysages accidentés.

On passe à une certaine distance des villages de Launay-sur-Calonne, à g., et de Surville, à dr., étagés à mi-coteaux, avant d'atteindre la croisée (**3.2**) de la r. de Honfleur à Lisieux, à l'entrée de Pont-l'Evêque, ville prospère, située vis-à-vis, à cinq cents m., sur la r. de Caen, par Dozulé et Troarn (*V.* page 93).

Pont-l'Évêque (Ch.-l. d'arr. — 2.956 hab. — Hôt. du *Bras-d'Or* — Fromages renommés), au confluent de la Touques et de la Calonne rivières qui arrosent de plantureuses prairies, possède une des plus pittoresques rues parmi celles des petites villes normandes, aussi on fera bien de la parcourir dans toute sa longueur.

La rue de *Launay*, vis-à-vis la r. de Beuzeville, passe sous le ch. de fer, puis se prolonge par la rue *Hamelin* et la *Grande-Rue Saint-Michel*. Cette dernière, bien entretenue, fréquemment coupée par des ponceaux sur différents bras de la Touques, est bordée de vieilles *maisons*, à façades en bois, qui lui donne un cachet spécial. Successivement on voit : l'*Hôtel de Ville*, à g., au fond d'une placette; puis l'*église*, à dr.; ensuite, encore à g., le *Théâtre* et la *Sous-Préfecture*, celle-ci installée dans un ancien *hôtel* en briques et pierres; le *Tribunal*, à dr.; enfin la *Halle aux grains*, à g., avant d'atteindre l'extrémité de la rue où sont situées deux très intéressantes demeures (**1**).

En tournant à dr. sur la r. de Honfleur, on trouve, quatre cents m. plus loin, après le pont sous le ch. de fer, la bifurcation (**0.4**) de la r. de Trouville. Celle-ci, qui se détache à g. de la r. de Honfleur, descend la rive dr. de la vallée de la Touques au milieu de grandes prairies. On dépasse successivement les villages du Coudray-Rabut (**1.4**) et de Canapville (**3.2** — Manoir en bois du XVe s.). La r. file au pied des coteaux de Bonneville-sur-Touques (**2.5** — *V.* page 100); elle gagne Touques (**1.1**), puis Trouville (**3**), où l'on rentre par la place du *Pont* et les quais.

Pour mémoire. — De **Trouville** à **Lisieux**, *V.*, en sens inverse, page 126.

De **Trouville** au **Havre**, *V.*, en sens inverse, page 43.

DE TROUVILLE A CABOURG

Par Deauville, Bénerville, Blonville, Villers-sur-Mer, Auberville, Houlgate, Beuzeval et Dives.

Distance : **22** kil. **300** m. *Côtes :* **38** min.

Nota. — Rien n'étant si gai et si animé que le parcours compris entre Trouville et Arromanches-les-Bains (*V.* page 115), le long de la côte du Calvados, là où s'étendent les plus magnifiques plages de sable fin de la Normandie, ce trajet a été divisé en trois courtes étapes afin que le cycliste, particulièrement, puisse consacrer quelques moments d'arrêt à chacune des stations balnéaires qu'il traversera.

L'embouchure de l'Orne, à Ouistreham (*V.* page 110), indique la démarcation entre les plages mondaines et les plages de famille. De Trouville au Home-Varaville, le luxe et l'élégance attirent la foule des baigneurs, tandis que, passé l'Orne, c'est la vie des bains de mer sans prétention qui retient les personnes amies du calme.

La circulation automobile sur la route de Trouville à Cabourg étant des plus intenses, les cyclistes devront faire très attention.

Si l'on craignait, vu l'affluence des baigneurs, de ne pas trouver à se loger à Cabourg, on pourrait s'arrêter à Dives à l'hôtel des *Voyageurs*, simple mais bon.

Une côte de deux kil. entre Villers-sur-Mer et Auberville; descente très rapide vers Houlgate.

Au sortir du jardin de l'hôtel *Tivoli*, suivre à g. la rue des *Bains*, puis, encore à g., les quais *Tostain* et *Joinville* jusqu'à la place du *Pont* (**0.7**). Ici, franchir à dr. le pont sur la *Touques* et, après avoir dépassé la *gare*, à g., le pont séparant les bassins. On continue ensuite tout droit par l'avenue de *Villers*. Celle-ci traverse la partie S. de Deauville laissant : à g. (**1.1**), le *champ de courses* ainsi que l'église, et, à dr., l'avenue de l'*Hippodrome* conduisant à la plage et aux *bains* de Deauville (0.5).

Après une plaine, la r. se rapproche de la mer pour gravir (5'), entre des villas éparpillées, l'extrême pointe du *Mont-Canisy*; on commence à découvrir de beaux points de vue.

A la descente suivante, on passe au pied de l'église isolée de Bénerville (**3**) et l'on atteint, au bas de la pente, le hameau de la Rue-de-la-Mare (**0.7**), dépendance du village de Blonville, à g., à trois kil. de la r. Ce hameau forme, avec un groupe important de chalets, la station nouvelle des bains de **Blonville** (Hôt. de la *Terrasse*), qui possède une belle plage de sable, à dr., à deux cents m.

La r. se dirige en ligne droite à travers une plaine découverte de prairies, large de trois kil., le long d'un bourrelet de dune qui masque fâcheusement la mer : à mi-chemin de ce passage ingrat se trouve le hameau Goblain (**1.3**).

A l'extrémité de la plaine, on atteint les premières villas de **Villers-sur-Mer** (1.411 hab. — Hôt. des *Herbages*; de *France*, simple), station balnéaire des mieux fréquentées. La r. court entre une rangée de pimpants chalets, à g., et une longue terrasse, ou digue, à dr., bordée d'un promenoir planchéié, comme à Trouville.

Parvenu auprès du petit pavillon carré des *douanes*, en vue des bains, quittant le rivage, on suivra la rue à g., à l'angle de l'hôtel des *Herbages* ; elle conduit à la place du *Bourg* (**2**) où vient aboutir, à g., la r. de Pont-l'Evêque (16.7).

Sur la place du Bourg, la rue de la *Mer*, à dr., croisant la rue du *Casino*, ramène à la digue, à l'angle du *Casino* (**0.2**).

Ayant traversé la place du Bourg, la r. passe au chevet de l'église de Villers, puis grimpe, entre des haies, une côte très dure de deux kil. (30'). Sur le plateau, où sont disséminées les maisons d'Auberville, on laisse à g., près d'un café (**2.5**), le ch. de Branville (5.5) et d'Annebault (9). Deux cents m. plus loin, se détache à dr. (**0.2**), à l'angle de la *ferme du Chaos* (café-restaurant ombragé), le ch. de la Corniche, dit aussi *de la colline de Houlgate*, que les cyclistes pourront suivre de préférence à la r. directe, ce qui leur permettra de se rendre au point de vue des Vaches-Noires (*V.* ci-dessous).

La r. directe de Houlgate descend dans la vallée du *douet Drochon*, passe au-dessous de l'église du Vieux-Beuzeval et, ayant contourné la *butte de Houlgate*, vient rejoindre le ch. de la colline de Houlgate au *rond-point du Sporting-Club* (**3.6** — *V.* ci-dessous).

Après avoir parcouru cent m. sur le ch. de la colline de Houlgate, on laissera momentanément à g. (**0.1**) le ch. de la Corniche pour continuer tout droit le ch. creux, devant soi, dans la direction de l'église d'Auberville. Il sinue entre des haies, sous une voûte verdoyante, puis, ayant croisé un ch. transversal, vient longer la *ferme de la Cour-Verger*, avant d'aboutir devant le petit cimetière de l'église abandonnée d'Auberville (**0.7**).

Ici, s'ouvre à g. le clos de la ferme de *M. Liégeard* (rafraichissements), où les visiteurs peuvent pénétrer et se faire conduire au bord du plateau, au-dessus du *Désert* et du *Chaos*, éboulements pittoresques de cette partie de la falaise, entre Villers et Houlgate, désignés sous le nom des **Vaches-Noires.** Magnifique panorama de toute la côte depuis Trouville jusqu'à Courseulles.

Revenant sur ses pas à la bifurcation (**0.7**) du ch. de la Corniche, on prendra celui-ci à dr. Il serpente, entouré de haies, et domine un moment la mer, puis, encaissé, il descend avant de tourner à g. devant la *Grande ferme de la Corniche*. Après deux courtes montées (1' et 2'), on vient surplomber à g. l'agreste vallée du *douet Drochon*, couverte d'une luxuriante végétation; ensuite on descend de la falaise par des lacets rapides, en découvrant de ravissants points de vue sur Houlgate et l'embouchure de la *Dives*. Plus bas, une avenue de peupliers conduit au *rond-point du Sporting-Club*, devant l'entrée de l'enclos réservé à cette société (**1.1**), où l'on rejoint la r. directe de Trouville.

A dr., l'avenue *Alexandra Feodorowna* descend vers **Houlgate** (1.274 hab. — *Grand-Hôtel*, 1er ordre; Hôt. *Bellevue*, plus simple), station balnéaire aristocratique. Après avoir contourné un square, bien planté d'arbres, on atteint, à l'angle du *Grand-Hôtel*, le croisement des rues des *Bains* et *Daumier*, vis-à-vis la rue de la *Mer*.

La rue de la Mer conduit à la *plage*, aux bains et au **Grand-Casino** (entrée : 1 fr. jusqu'à 6 h. et 1 fr. pour la soirée; 3 fr. pour la représentation).

Suivant à g. la rue des Bains, commerçante et animée, d'où se détache à g., un peu plus loin (**0.7**), la rue de l'*Eglise*, on arrivera, près d'une chapelle, à l'extrémité de Houlgate. Cette station et celle de Beuzeval, n'étant séparées que par le pont (**0.5**) sur le douet Drochon, qu'on traverse aussitôt, ne forment pour ainsi dire qu'une seule localité.

Dans **Beuzeval**, la rue se prolonge, côtoyant la plage et les bains (*Kursaal*), jusqu'au passage à niveau (**0.3**) de la *ligne de Trouville à Mézidon*.

De l'autre côté de la voie, laissant à g. la rue *Sébastien-de-Neufville*, qui commence le ch. de Branville (8.9), on continuera à dr. en longeant le talus de la voie ferrée.

Dans la rue Sébastien-de-Neufville, s'embranche à dr. (**0.4**) la rue de *Caumont* qui conduit (**0.7**) à la *colonne* commémorative érigée en mémoire du départ, en 1066, de la flotte du duc Guillaume pour la conquête de l'Angleterre. Plus haut, en continuant l'ascension de la colline de la **butte Caumont**, on jouit d'un merveilleux panorama sur la mer et la vallée du douet Drochon.

Le ch. de Branville, au delà de la rue de Caumont (*V*. ci-dessus), coupe deux fois le ch. de fer, passe au hameau de la Forge (**3.2**) et atteint le carrefour de la *Croix d'Heuland* (**3.5** — Café-rest.). De ce carrefour, par le hameau de La-Cour-de-la-Forge-Gohier (**2.3**), on pourra, en suivant la r. de Dives, sur les **hauteurs de Bassebourg** (remarquables points de vue), descendre ensuite par de beaux lacets, tracés au versant de la butte Caumont, jusqu'à Dives (**5.7** — *V*. page 107).

De la r., qui s'éloigne de la mer, on aperçoit, de l'autre côté de la ligne, l'embouchure de la *Dives*, cette rivière contournant, avant de se jeter dans l'océan, l'étroit promontoire, appelé *pointe de Cabourg*; puis, par l'avenue, dite la rue du *Port*, on atteint **Dives** (**1.1** — 3.450 hab. — *Hostellerie de Guillaume-le-Conquérant;* hôt. des *Voyageurs*, simple — A voir : l'Eglise, les Halles), petite ville ancienne qui a conservé son cachet.

A l'entrée de Dives, devant le *Monument du Souvenir français*, la r. bifurque : la branche de g., sous le nom de rue du *Marché*, conduit dans l'intérieur du bourg; la branche de dr., sous le nom de rue d'*Hastings*, continue la r. de Cabourg.

En suivant la rue du *Marché*, à g. du monument, on atteint la place du *Marché* où l'on remarque de vieilles *halles* en bois. A dr. des halles, la rue commerçante *Louis-Philippe* (antique *maison* en bois) mène au croisement de la rue de *Lisieux*, presque en face de l'intéressante **église Notre-Dame**, un peu à g., entourée par le cimetière. De l'église Notre-Dame, la rue de Lisieux, à dr., va rejoindre la r. de Cabourg, à l'angle de l'*hostellerie de Guillaume-le-Conquérant*. Cet établissement, qui est un hôtel restauré dans le style du XVIe s., renferme un véritable *musée* d'objets d'art et de meubles provenant de la chambre de Mme de Sévigné.

La r. de Cabourg passe devant l'*hostellerie de Guillaume-le-Conquérant* (**0.3** — *V.* ci-dessus), située à l'angle de la rue et de la r. de Lisieux (32.9), à g.: puis, dénommée avenue de *Caen*, traverse la grande plaine de prairies et d'alluvions qui a remplacé l'anse où fut réunie la flotte de Guillaume le Conquérant. On franchit successivement, la *Vie*, canalisée, la ligne du ch. de fer, et le pont sur la *Dives*; à dr., dans la direction de la mer, les maussades cheminées d'une immense *usine d'électro-métallurgie* déparent le paysage.

De l'autre côté du pont, sur le territoire de Cabourg, négligeant à dr. un ch. vers la mer (1), on continuera la r., à g., jusqu'à la petite gare en bois de la *ligne des ch. de fer du Calvados* (**1.1**). Ici, s'ouvre à dr. l'avenue de la *Mer*, plantée de tilleuls et bordée de magasins, qui conduit au centre de **Cabourg**, station balnéaire mondaine (1.614 hab.), créée de toute pièce sur un plan dessiné en forme d'éventail.

Dans l'avenue de la Mer, on trouve successivement à g. les deux hôtels du *Nord* (**O.3**) et du *Casino* (**O.3**) où l'on pourra s'arrêter indifféremment.

L'avenue de la Mer aboutit à la vaste place du *Casino*, occupée par un charmant square qu'entourent de gracieuses villas. Au fond de la place s'élève le *Grand-Hôtel* (1er ordre) d'aspect monumental.

En prenant l'allée à g. du Grand-Hôtel, puis, en tournant à dr. sur l'avenue du *Casino*, on arrive à la magnifique **terrasse de la Mer,** étendue sur une longueur de dix-sept cents m., devant le **Casino** (entrée : 1 fr.), le Grand-Hôtel et tout un alignement de cottages, de chalets et de villas des styles les plus variés.

DE CABOURG A LUC-SUR-MER

Par le Hôme-Varaville, Sallenelles, Bénouville, Ouistreham, Riva-Bella et Lion-sur-Mer.

Distance : **28** kil. **200** m. *Côtes :* **7** min.

Nota. — Trajet à peu près plat sur tout le parcours, sauf une rampe insignifiante après Sallenelles.

C'est à partir de Riva-Bella, sur la rive g. de l'embouchure de l'Orne, que commence la série des stations de bains de mer, très fréquentées par les familles, qui couvre jusqu'à Grandcamp cette partie de la côte du Calvados, dite aussi la *côte de Caen*, puis *de Bayeux*. De Luc-sur-Mer à Courseulles-sur-Mer (*V.* l'itinéraire de la page 112), la route n'est pour ainsi dire qu'une longue voie, presque ininterrompue, bordée de villas et de chalets appartenant à des villages si rapprochés les uns des autres que leurs plages, ininterrompues, n'en forment véritablement qu'une seule.

A la sortie, soit de l'hôtel du *Casino*, soit de l'hôtel du *Nord*, on remontera l'avenue de la *Mer*, à dr., pour rejoindre la r. près de la petite gare de la *ligne des ch. de fer du Calvados* (**O.6**).

La r., à dr., passe devant l'*église* de Cabourg, dont les cloches sont encagées dans un bâti métallique; puis, laissant à g. (**O.1**) le ch. de Varaville (5.5) et de Caen (24.3), on suit, encore à dr., la direction du pont de Ranville. Au S., se déploient des prairies ; au N., des dunes basses, qui interceptent la vue de la mer, jalonnent peu à peu leur crête de chalets, d'abord espacés, ensuite groupés plus compacts, pour composer la station assez solitaire du **Hôme-Varaville** (**2.7** — *Grand-Hôtel*) mais dotée d'une plage splendide.

Un peu plus loin, on dépasse à g. l'entrée du *champ de courses* de Cabourg (cafés-rest.), ensuite la bifurcation du ch. de Caen (19.7), au Hôme-de-Merville (**2.8** — Hôt. *Sainte-Marie*). A dr., s'étendent les terrains de Franceville (**1.1**), station balnéaire en formation, avec des avenues tracées au milieu de pins ; puis apparaissent les marais avoisinant l'embouchure de l'*Orne*, rendez-vous de nombreux oiseaux de mer. Dans cette direction on aperçoit le phare d'Ouistreham.

Au delà du village de Sallenelles (**2.7**), où croise le ch. de Troarn (11) à la mer (0.2), la r., inclinant vers le S., s'élève (3' et 4') sur une plaine de culture ; à la descente suivante, elle laisse : à g. (**3.5**), le ch. de Ranville (0.8) et de Troarn (9.4), et, à dr., le hameau de Longueville. Plus bas on franchit d'abord l'Orne, qui coule large entre deux rives tirées au cordeau, au *pont de Ranville* (**0.8**), puis, après une bande de prairies, le *canal de Caen à la mer*, au *pont de Bénouville* (**0.5** — Café-rest.).

La circulation des automobiles et des motocyclettes étant interdite sur le ch. de halage du canal, les automobilistes, se dirigeant vers Luc-sur-Mer, devront continuer la r., devant eux, qui rejoint, deux cents m. plus haut (**0.2**), celle de Caen (9.8) à Ouistreham. Ici, tournant à dr., on monte (2'), entre des peupliers, au village de Bénouville. A la sortie de cette localité, négligeant à g. (**0.5**) le ch. de Creully (23), on s'élève à dr. (2') sur une plaine dominant la ligne d'arbres qui borde le canal, en contre-bas, à dr. Dans Ouistreham, la rue *Carnot*, après deux contours, mène vis-à-vis le côté E. de la remarquable église du village (**3.6**). Contournant l'église à g., on passe devant le portail et, laissant à g. un autre ch. vers Creully (22.3), on continue par celui très sinueux qui vient aboutir (**0.9**) à la r. du Port d'Ouistreham à Luc-sur-Mer, en face du ch. de Riva-Bella (*V.* page 110).

De Bénouville (*V.* ci-dessus), on peut aussi se rendre directement à Lion-sur-Mer (*V.* page 111) en prenant, à la sortie de Bénouville, le ch. de Creully, à g., pour passer à Saint-Aubind'Arquenay (**2**), Colleville-sur-Orne (**1.5**), Hermanville (**2**) et gagner Lion-sur-Mer (**2.2**).

De l'autre côté du pont de Bénouville, les cyclistes, tournant à dr. sur le ch. de halage du canal, gagnent directement le petit *port* maritime d'Ouistreham (**4.7**), sans passer par le village de ce nom. Le port, situé à l'extrémité du canal, est signalé par un phare, dressé sur la rive dr. Ici, à l'angle de la gare en bois de la *ligne des ch. de fer du Calvados*, tourner à g. et suivre la r. de Luc-sur-Mer.

De la *jetée de l'Ouest* du port d'Ouistreham, la vue est superbe sur la mer et sur les côtes du Calvados depuis la pointe de Luc jusqu'à Honfleur. Quand le temps est clair, on distingue très bien la côte du Havre, à l'E.

Pendant cette promenade, laisser sa machine en garde à la gare.

La r. de Luc, abritée par un rang de peupliers, à dr., vient croiser (**0.6**) la r. de Caen à Riva-Bella (*V.* ci-dessous) près d'un groupe d'habitations.

A dr., l'avenue de la *Mer* conduit à la plage de **Riva-Bella** (**0.6** — Hôt. du *Chalet;* de la *Plage* — Modeste *kursaal*), agréable petite station balnéaire, pourvue de ressources, qui prend chaque jour de l'extension et où s'élèvent déjà un grand nombre de villas et de chalets.

Pour mémoire. — De **Riva-Bella** à **Caen**, *V.*, en sens inverse, page 133.

Au delà de Riva-Bella, la r., absolument plate, se déroule sur une plaine banale; à dr., l'exhaussement de la dune empêche de voir la mer. Dépassé une ancienne *redoute* (**2**), on longe les terrains de la plage de Colleville, en préparation, puis on atteint (**1.7**) le carrefour de la Brèche-d'Hermanville, où se détache à g. le ch. de Caen (11.1), et où commence à dr. la station balnéaire d'Hermanville qui se confond avec celle du Bas-Lion.

Ici, la r. bifurque : la branche de dr. conduit vers le *Bas-Lion*, tandis que la branche de g., qu'on suivra, avec la ligne du tramway, traverse le *Haut-Lion* et mène, à l'intersection de la *Grande-Rue*, au centre de **Lion-sur-Mer** (**1** — 1.057 hab. — Hôt. de la *Plage*; du *Grand-Balcon*, Café-Casino).

La Grande-Rue. à g., est le début de la r. de Caen (14 5); à dr., elle aboutit à la terrasse (**0.3**) devant laquelle s'étale une belle et vaste *plage* de sable fin.

La r., sous le nom d'avenue *Carnot*, faiblement montante, ou plate, à travers plaine, longe la mer à une certaine distance; à g., le *château du Haut-Lion* se dissimule dans un bouquet d'arbres.

A l'entrée de **Luc-sur-Mer** (1.261 hab.), au *carrefour de l'Est* (**2.9**), la r. laisse à g. la direction de la gare (0.7) et, bordée de maisons en maçonnerie, à g., passe devant les bains et un groupe de petits chalets-magasins, à dr. Vis-à-vis le milieu de la plage, se trouve l'hôtel du *Petit-Enfer* (**0.5**). à l'angle de la r. de Caen (16.1).

La station balnéaire de Luc-sur-Mer présente une *plage*, mélangée de sable et de cailloux, devant laquelle s'étend une digue-promenoir asphaltée longue d'un kil. Le **Casino**, qui comprend salles de théâtre, de concerts, de bals et de jeux, s'élève au-dessus de la digue, en bordure de la chaussée, quelques m. au delà de l'hôtel.

Excursion recommandée au départ de Luc-sur-Mer. — Courseulles-sur-Mer, par la Chapelle de Notre-Dame de la Délivrande, Douvres, Fontaine-Henri et Creully (**20** kil.).

Itinéraire : On suit, à l'angle de l'hôtel du *Petit-Enfer*, la r. de Caen; celle-ci croise, près de la gare (**0.3**), l'avenue plantée d'arbres qui relie le village proprement dit de Luc (0.7) à l'extrémité O. du quartier de la plage (0.5). Plus loin, on traverse (**1.8**) le ruisseau de *Luc* et la voie ferrée, avant d'atteindre la *Chapelle de Notre-Dame de la Délivrande*, célèbre pèlerinage qui attire chaque année un nombre considérable de fidèles (**0.5**).

Quatre cents m. au delà de l'église, ayant coupé la r. de Langrune (3) à Caen (13.5), on laisse sur la g. l'église, à la flèche élancée. de **Douvres** 1.5 — Ch.-l. de c. — 1.678 hab. — Nombreux restaurants à La Délivrande); puis, continuant toujours à dr., on se dirige vers Bény-sur-Mer (**3.3**), village aux riantes maisons de campagne.

A Bény-sur-Mer on croise le ch. de Courseulles-sur-Mer (5) à Basly (1.5) et l'on traverse le village pour descendre franchir la rivière de la *Mue*. De l'autre côté du pont (**1.8**), tournant à g., o gagnera le village de Fontaine-Henri (**1.2** — Beau château Renaissance), bien situé sur la rive g. du vallon. Ici, prendre à dr. le ch. qui, par Pierrepont (**3.7**), où l'on traverse la *Thue*, conduit à **Creully** (**3** — Ch.-l. de c. — 639 hab. — Hôt. *Saint-Martin* — A voir : le chateau, autrefois une des forteresses les plus importantes du Calvados).

Au bas de Creully, le ch. franchit la rivière de la *Seulles*, et, après avoir dépassé le hameau de Creullet (**0.5** — ancien château), rejoint (**0.4**) la r. de Bayeux (12.5) à Courseulles-sur-Mer. Suivant cette r. à dr. on rencontre successivement les villages de Tierceville (**1**) et de Banville (**3.5**). Plus loin, près de Graye (**2**), on traverse de nouveau la Seulles avant d'atteindre Courseulles-sur-Mer (**1.5** — *V.* page 114).

Pour mémoire. — De **Luc-sur-Mer** à **Caen**, *V.*, en sens inverse, page 133.

DE LUC-SUR-MER A PORT-EN-BESSIN

Par Langrune, Saint-Aubin-sur-Mer, Bernières-sur-Mer, Courseulles-sur-Mer, Ver, Asnelles, Saint-Côme-de-Fresné, Arromanches-les-Bains, Longues et Commes.

Distance : **33** kil. **800** m. *Côtes :* **10** min.

Nota. — Route à peu près plate jusqu'à Asnelles. Forte côte, puis descente rapide entre Asnelles et Arromanches, de même qu'entre Arromanches et Port-en-Bessin pour franchir deux crêtes de falaises.

Quittant l'hôtel du *Petit-Enfer*, on suit la chaussée à g., qui passe devant le *Casino*. Au delà des dernières maisons, la r., légèrement montante, tracée un moment en corniche, offre une belle vue sur la mer, tandis que, plus loin, on aperçoit à g., dans la plaine, les clochers de l'église de Notre-Dame de la Délivrande (*V.* page 111).

Luc, Langrune et Saint-Aubin se touchent presque. Une rue banale traverse dans toute sa longueur la station balnéaire de **Langrune** (799 hab. — *Grand-Hôtel* ; hôt. de la *Mer*), où les maisons en maçonnerie prédominent. Si l'on préfère longer la plage, parvenu à l'angle de la propriété portant le n° 33, (**1.2**), on trouvera une courte ruelle, à dr., suffisante au passage d'une voiture, qui aboutit à la rue de la *Plage*, vis-à-vis la terrasse où sont alignées les cabines des bains.

La rue de la Plage, à g., passe devant un modeste *casino* et, plus loin, devant le débouché (**0.3**) de la rue de la *Mer* (r. de Caen 16.5), qui s'ouvre entre le *Grand-Hôtel* et l'hôtel de la *Mer*. A l'extrémité de la terrasse, la rue du *Nord*, à g., ramène (**0.2**) à la r. de Saint-Aubin.

Ayant parcouru à peine trois cents m. sur cette r., à dr., on est au début de la rue *Pasteur* dans **Saint-Aubin-sur-Mer** (**1** — 727 hab. — Hôt. de la *Terrasse*; de *Saint-Aubin*. — Petit *Casino*), station balnéaire dont la grande et large *plage* attire l'affluence des familles.

La plage, étendue devant de jolis chalets et de pimpantes villas, est seulement bordée d'une étroite terrasse pour piétons, interdite aux cyclistes, aussi devra-t-on suivre entièrement la rue Pasteur, parallèle à cette terrasse, masquée par les habitations. A l'extrémité du bourg (**0.7**), on continuera, vis-à-vis, par la rue de *Bernières* ouverte entre l'hôtel *Saint-Aubin* et son annexe.

La r. longe les terrains de Rive-Plage, nouvelle station balnéaire en formation, occupés actuellement par une demi-douzaine de chalets; puis, ayant croisé la *ligne de Caen à Courseulles*, près d'un sémaphore, on passe devant la gare desservant la calme et paisible petite station balnéaire de **Bernières-sur-Mer** (**2** — 864 hab. — Hôt. *Belle-Plage*).

Immédiatement à dr., de l'autre côté du passage à niveau, s'étend la *plage*, où sont disposées les cabines de bains.

La rue de la *Gare*, à g., mène au centre du village de Bernières, jadis un bourg important. Plus haut, tournant à dr., on arrive à la place où s'élève l'*église*, une des plus remarquables de la région (**0.5**).

La r. de Courseulles, inclinant à g., dépasse le porche de l'église, de grandes propriétés, closes de murs, et sort du village près d'un *château* moderne, entouré d'un parc ; puis, ombragée de peupliers, elle s'éloigne de la mer pour traverser une plaine de cultures ; à dr., le *champ de courses* de Courseulles déploie son tapis de gazon.

Dans **Courseulles-sur-Mer** (1.315 hab. — Petit port en partie de pêche — Huîtres renommées), la rue de *Bernières* conduit à la place de la *Mairie*, où se dresse une colonne surmontée d'une *croix*. Ici, laissant à g. les r. de Caen et de Bayeux (*V.* ci-dessous), on prendra la rue de la *Mer*, à dr. A l'extrémité de cette rue, se trouve à dr. l'hôtel recommandé des *Etrangers*, où l'on pourra s'arrêter pour déjeuner (**3.2**).

Le prolongement de la rue de la Mer dépasse des *parcs* à huîtres, à g., et la gare, à dr., pour gagner la *plage* (cabines de bains) ainsi que l'origine d'une des *jetées* en bois qui forment l'entrée du *port* (**0.4**). De l'extrémité de cette jetée, on jouit d'une vue superbe sur toute la côte.

Excursion recommandée au départ de Courseulles-sur-Mer. — Luc-sur-Mer, par Creully, Fontaine-Henri, Douvres et la Chapelle de Notre-Dame de la Délivrande (**20** kil.), *V.*, en sens inverse, page 111.

Pour mémoire. — De **Courseulles-sur-Mer** à **Caen**, *V.*, en sens inverse, page 133.

De **Courseulles-sur-Mer** à **Bayeux**, *V.*, en sens inverse, page 137.

Vis-à-vis le portail de l'hôtel des *Etrangers*, la r. d'Arromanches, à l'O., suit la rue des *Parcs*, en compagnie de la *ligne des ch. de fer du Calvados*. Successivement on franchit le pont jeté entre le chenal et le bassin du port, et le pont sur la *Seulles*, non loin de l'embouchure de cette rivière que visite un nombreux gibier d'eau.

La r., toute droite, solitaire, parcourt une longue prairie, où pâture quantité de bétail. A dr., la mer, toute voisine, reste cachée derrière un léger exhaussement du terrain ; on croise (**1.1**) le ch. de Banville (3.5) à Graye-plage (0.3).

Plus loin, le hameau de la Riviè e, où débouche la rivièrette de *Provence*, compose, avec quelques maisonnettes éparses dans des bouquets d'arbres, la très petite station balnéaire de **Ver** (**3.3** — Hôt. du *Phare*), dominée au S.-O. par un *phare* planté sur la colline du *Mont-Fleury*.

Pour mémoire. — De **Ver** à **Bayeux**, *V*., en sens inverse, page 137.

Au delà de l'oasis ombragée de Ver, la r. continue, toujours déserte, mais découvre la mer dont les vagues viennent franger d'argent la grève. Devant soi, à l'horizon, des falaises, qui varient le paysage, avancent leurs profils vers l'océan et élèvent des coteaux abritant Asnelles. Après deux ponceaux sur des ruisseaux qui arrosent les prés, on dépasse à g. la halte de Meuvaines **4.3**) et le ch. de Creully (8) avant d'atteindre **Asnelles** (**1** — 407 hab. — Hôt. des *Bains*; de la *Belle-Plage*).

Une avenue, vis-à-vis la gare, conduit à la *plage* (**0.1**), très vaste et de sable fin, de la jolie petite station balnéaire d'Asnelles possédant quelques villas et pavillons bien situés.

Pour mémoire. — **D'Asnelles** à **Bayeux**, *V*., en sens inverse, page 137.

La r. passe en arrière des villas disséminées le long du rivage; puis, infléchissant vers le S., s'éloigne de nouveau de la mer pour gravir (5') la colline sur laquelle le pittoresque village de Saint-Côme-de-Fresné éparpille en longueur ses habitations. Dans Saint-Côme, parvenu au croisement (**1.8**) du ch. de Creully (8.4) à Arromanches, on devra abandonner la r. de Bayeux (11.1) et prendre à dr. la direction d'Arromanches.

Au delà des barrières d'un petit *château*, à g., négligeant à dr. le ch. qui conduit à l'église de Saint-Côme-de-Fresné (0.8), on continue à g. pour descendre entre des haies; ensuite la r. s'élève très durement (8') et escalade la falaise. De son faite, une descente plongeante, dangereuse, mène à **Arromanches-les-Bains** (444 hab.), station balnéaire, assoupie au fond d'un charmant vallon, entre deux versants ardus, couverts de verdure.

Dans le bourg, la descente se prolonge par la rue de *Fresné*, en laissant à g. la rue de l'*Abreuvoir*. Un peu plus bas, on abandonne la rue de Fresné, qui tourne à g., et par la rue du *Petit-Fontaine*, devant soi, on atteindra la rue principale de la localité. Tournant à g. dans la rue de *Bayeux* on arrive devant le *Grand-Hôtel*, recommandé, à dr. (**1**), vis-à-vis l'avenue qui monte à la gare.

Derrière le *Grand-Hôtel*, qui possède une belle terrasse donnant sur la mer, s'allonge, au-dessus de la *plage* et des bains, un quai étroit, originalement tracé, promenade favorite des baigneurs. A g., sur le quai, se trouve un minuscule café-*casino*.

Pour mémoire. — D'Arromanches-les-Bains à **Bayeux**, *V.*, en sens inverse, page 137.

Dépassé le *Grand-Hôtel*, la r., arrivée au carrefour de la Brèche-de-Tracy (**0.3**), incline à g. et commence à gravir la *falaise de Tracy* (15'). Plus haut, parvenu au premier croisement de ch. (**0.3**), abandonnant la r. de Bayeux (9.5), on s'engagera à dr. sur le ch. qui s'ouvre vis-à-vis celui de la gare. Un moment, moins bon, ce ch. continue à s'élever sur le versant de la falaise (jolie vue de l'anfractuosité d'Arromanches) pour gagner bientôt le village de Tracy-sur-Mer (**0.8**); ici, redevenant excellent, il tourne à dr. et passe devant l'église, en laissant à g. un autre ch. vers Bayeux (9).

On parcourt un plateau, d'abord bocager, légèrement montant après Manvieux (**1.1**), jusqu'au carrefour de la Croix-de-Manvieux (**1.1**). A ce carrefour vient rejoindre à g. le ch. de Ryes (1.3), tandis qu'un peu plus loin s'écarte celui de Fontenailles (1), village situé sur la g. d'une grande plaine découverte, dominant vers le S. une région très boisée, au-dessus de laquelle émergent les clochers de la cathédrale de Bayeux.

Descente à Longues (**1.7**), commune étendue. Au sortir du village (**0.3**), se détache à g. un autre ch. vers Bayeux (6.5).

Sur le ch. de Bayeux, à deux cents m. à g., se trouve l'entrée des intéressantes ruines de l'**abbaye de Sainte-Marie** (**0.2**). Près des bâtiments de l'abbaye, convertie en ferme, on peut voir l'ancienne *chapelle*, qui sert aujourd'hui de grange (pour visiter, s'adresser au fermier; gratification).

Deux côtes (4' et 8') précèdent Marigny (**0.6** — Eglise curieuse) et Planet, (**0.7**), dépendances de Longues; puis une descente très rapide, en lacets, conduit vers la vallée formée au S. par l'*Aure* et la *Dromme* réunies.

Au bas de la rampe, à l'entrée de Commes, négligeant à g. (**2**) la direction de Crouay (10.8), on continue à dr., et, au delà du village, jusqu'au premier ch. carrossable rencontré à dr. (**1.3**), dans la plaine, en vue de l'église de Port-en-Bessin juchée sur la colline qui fait face.

Ici, quittant la r. directe de Grandcamp, on descend le ch. à dr. Il se dirige vers la brèche où est situé, entre deux falaises, **Port-en-Bessin** (1.447 hab.), port de pêche à l'embouchure de la Dromme, appelé peut-être à devenir un port militaire d'abri. Après être passé entre le terminus de la *ligne de Bayeux* et l'extrémité S. du *bassin*, on longera le quai *Félix-Faure* qui aboutit à la place de la *Fontaine*, où se trouve à g. l'hôtel recommandé de l'*Europe* (**0.7**).

Au delà de l'hôtel de l'Europe, en suivant à g. le quai *Letourneur*, vis-à-vis de la *poissonnerie*, on peut se rendre jusqu'à l'extrémité de la longue *jetée de l'Ouest* (**1**) qui s'avance dans la mer en protégeant un vaste avant-port.

De la jetée, la vue sur les côtes est de toute beauté. Du sommet de la falaise (25'), près du *sémaphore*, le panorama, très étendu, est non moins splendide.

Pour mémoire. — De **Port-en-Bessin** à **Bayeux**, V. en sens inverse, page 137.

DE PORT-EN-BESSIN A CARENTAN

Par Sainte-Honorine-des-Portes, Colleville-sur-Mer, Saint-Laurent-sur-Mer, Vierville, Saint-Pierre-du-Mont, Grandcamp-les-Bains, Maisy, Osmanville, Isigny et La Fourchette.

Distance : **41** kil. **900** m. *Côtes :* **50** min.
Pavé : **15** min.

Nota. — Cette route, qui présente une côte d'un kil. au départ de Port-en-Bessin, traverse ensuite une région ravissante, légèrement ondulée. Deux rampes seulement, un peu accentuées, se font sentir, la première avant, la seconde après Grandcamp.

Quittant l'hôtel de l'*Europe*, suivre à dr. le quai *Félix-Faure*, puis, au bout du quai, monter à dr. (6') la r. de Bayeux, bordée de peupliers. Dépassé l'église, on retrouve la croisée (**0.7**) de la r. d'Arromanches à Grandcamp. Ici, abandonner la r. de Bayeux (9) et prendre à dr. celle de Grandcamp qui s'élève (10') entre des haies, sur le versant de la falaise, pour gagner un plateau débordant de végétation et délicieusement ombragé; à dr., quelques éclaircies laissent entrevoir la mer dont la ligne d'horizon se confond avec le ciel.

Après Huppain (**1.1**) et l'embranchement (**0.5**) du ch. de Crouay (11.2), à g., on traverse une étroite plaine; ensuite, pénétrant dans un couloir de haies, on descend d'abord insensiblement, puis plus rapidement vers l'agreste vallée où se blottit le village de Sainte-Honorine-des-Pertes (**2.3**); une montée (3').

La r., à présent unie, laisse à g. (**0.9**) le ch. de Molay-Littry (14) et serpente sur le plateau au milieu de paysages remplis de verdure et de fraicheur. Au-delà de Colleville-sur-Mer (**2** — Eglise avec belle tour — Montée : 2') les sites, encore embellis, s'entourent de vergers luxuriants parsemés d'arbres séculaires.

Devant le *château de Colleville* (**0.7**), négligeant à g. le ch. de la Poterie (11,4), on continuera à dr., en contournant la clôture du parc. La r. rentre dans un nouveau couloir de haies, puis atteint le village de Saint-Laurent-sur-Mer (**2.3**). Deux cents m. plus loin, on arrive au croisement (**0.2**) du ch. de Trévières (6.3) à la mer, où l'on retrouve l'inévitable *ligne des ch. de fer du Calvados.*

A dr., le ch. de la mer descend le frais *vallon de Saint-Laurent*, ou du *Covidul*, pour gagner la petite station balnéaire et champêtre de **Saint-Laurent-Plage-d'Or** (**1.4** — Hôt. de la *Plage*).

La *plage*, superbe, s'étend sur une longueur de quinze cents m., entre le débouché du vallon de Saint-Laurent et celui du Ruquet à l'E., échelonnant devant la mer toute une série de chalets adossés à la falaise.

Après deux courtes montées (2' et 3'), la r. traverse Vierville-sur-Mer (**2.1**), où elle coupe un second ch. de Trévières (7.9) à la mer.

A dr., le ch. de la mer descend un val très court et aboutit à la belle plage de **Vierville** (**0.6** — Hôt. de la *Plage*), autre minuscule station balnéaire dans le genre de celle de Saint-Laurent-Plage-d'Or (*V.* ci-dessus).

La r. monte (2') et passe devant un petit *château*, à g.; ensuite, toujours agréable, se développe plate, laissant encore à g., près d'un hameau dépendant d'Englesqueville-la-Percée (**3.7**), le ch. d'Ecrammeville (8.7). On longe les bâtiments de l'ancien *château d'Englesqueville*.

A g., se détache (**1.9**) le ch. de Canchy (7), avant le village de Saint-Pierre-du-Mont (**0.2**); plus loin, à dr., deux *manoirs* normands, transformés en fermes, ont conservé des vestiges de leur antique splendeur.

Dépassé la halte de Cricqueville (**1.9**), une légère rampe (3') conduit sur une hauteur d'où l'on domine, à g., un large bassin de prairies et, bientôt, devant soi, la nappe miroitante de la mer. Descente au ponceau, jeté sur le ruisseau qui arrose les prairies, à l'angle (**1.1**) du ch. de Formigny (13.2). La côte (7') qui succède mène près de l'église de Grandcamp (**0.9**), posée sur le bord de la falaise.

Une courte mais rapide descente précède **Grandcamp-les-Bains** (1.839 hab. — Hôt. de *Grandcamp*; de la *Croix-Blanche*. Café-casino *Adelus*), bourg de pêcheurs, très fréquenté comme station balnéaire, où ont lieu des régates et des courses de chevaux au mois d'août.

Au bas de la descente (**0.1**), on laisse à g. une rue, début du ch. de Saint-Germain-du-Port (5.8), et l'on traverse tout le bourg par la *Grande-Rue*, parallèle au long quai qui, à dr., derrière les habitations, borde la plage, à laquelle donnent accès des ruelles latérales.

Au delà de Grandcamp, la r., garnie de haies, infléchit vers le S. et rentre dans les terres; elle ondule légèrement (trois montées dont une rampe un peu accentuée : 5') et passe successivement au village de Maisy (**1.7**), puis devant les hameaux de Gefosse, de Fontenay et de Saint-Clément. On descend ensuite rejoindre (**6.3**) la r. nationale de Paris à Cherbourg, après avoir croisé la petite ligne du tram à vapeur (attention aux rails).

Tournant à dr. sur la r. de Cherbourg, on descend au village d'**Osmanville** (**0.2**) avant d'atteindre, par une superbe chaussée, **Isigny** (**1.8** — Ch.-l. de c. — 2.606 hab. — Hôt. de l'*Europe* — Beurres renommés — Petit port), bourgade située sur l'*Aure-Inférieure*, un peu en amont du confluent de cette rivière avec la *Vire*, deux cours d'eau qui vont se jeter dans la *baie des Veys*, voisine.

On traverse Isigny par la rue de *Paris* (Pavé : 6') qui, au delà du pont sur l'Aure, prend le nom de rue *Emile-Demagny*. Cette dernière, plus loin, continue sur le côté g. de la place *Gambetta*, en laissant la rue *Alfred-Pophillat* sur le côté droit. Dépassé l'*église*, à dr., et l'embranchement de la r. de Bayeux (34.9), à g., on sort de la ville par la rue de *Cherbourg* et une superbe avenue de grands peupliers.

La r., d'abord légèrement montante, descend ensuite croiser la *ligne de Bayeux à Isigny*, près de la halte du *Pont-du-Vey* (**2.6**), et traverse la large vallée de prairies qu'arrose la Vire. Ayant franchi cette rivière, sur la limite des dép^{ts} du Calvados et de la Manche (**0.7**), on gravit les molles rampes du versant opposé (2' et 5').

Au hameau de Banville (**2.9**), où s'éloigne à dr. le ch. de Brevands (3.2), remarquer à g., un petit *castel* à tourelles massives; plus loin, au hameau de **La Fourchette** (**1.2**), la r. de Saint-Lô, à g (24.5 — *V*. page 142), vient rejoindre celle de Cherbourg.

Dépassé Saint-Hilaire-Petitville (**1.9**), on descend franchir deux-bras de la *Taute* (**0.9**), à l'entrée de **Carentan** (Ch.-l. de c. — 3.968 hab. — Grand commerce de beurre; centre d'élevage de chevaux).

Dans cette ville, suivre les rues *Giémard* (Pavé : 9'), de l'*Ile*, *Torteron* et, après la place *Desplanques-Dumesnil*, la rue du *Château* qui conduit à la place de la *République*, celle-ci bordée à dr. de quelques maisons présentant des arcades ogivales. La place de la République est contiguë à la partie N. de la place du *Marché*, au delà de laquelle commence la rue *Holgatte* où se trouve, presque aussitôt à g., l'hôtel d'*Angleterre* (**0.9** — Café du *Commerce*).

Visite de la ville de Carentan (environ 1/2 heure). — Venant de l'hôtel, sur la place du *Marché*, à g., les rues des *Prés* et de l'*Abreuvoir* commencent une belle promenade ombragée, qui, plus bas, tourne à dr., sous le nom d'avenue *Qui-qu'en-Grogne*. Cette avenue longe le flanc N. de l'église paroissiale et est continuée, à g., par la rue du *Bassin-à-Flot* conduisant au bassin du *port*. Un chenal grandiose, encadré de chaque côté d'une sextuple rangée d'ormes, fait communiquer le port à la baie du Grand-Vey.

Pour mémoire. — De **Carentan** à **Coutances** (**34** kil. **800** m.), par Raids (**12.4**), **Périers** (**6** — Ch.-l. de c. — 2.622 hab. — Hôt. de la *Croix-Blanche* — A voir : l'Eglise), Vaudremesnil (**3.7**), **Saint-Sauveur-Lendelin** (**2.8** — Ch.-l. de c. — 1.388 hab. — Hôt. *Lecherallier*), Monthuchon (**5.4**), Saint-Nicolas-de-Coutances (**3**) et Coutances (**1.5** — *V*. page 173).

De **Carentan** à **La Haye-du-Puits** (**24** kil. **200** m.), par Auvers (**6**), Les Fèvres (**3**), Baupte (**0.5**), Les Sablons (**3.5**), Saint-Jorès (**1.7**), Le Pry (**3.5**), La Rue-du-Bocage (**3**) et La Haye-du-Puits (**3** — *V*. page 171).

De **Carentan** à **Cherbourg**, par Saint-Vaast-la-Hougue, *V*. les itinéraires des pages 144 et 147; par Valognes, *V*. l'itinéraire de la page 153.

De **Carentan** à **Bayeux**, *V*., en sens inverse, page 137.

De **Carentan** à **Saint-Lô**, *V*., en sens inverse, page 142.

DE ROUEN A BRIONNE

Par Petit-Couronne, Grand-Couronne, Moulineaux, La Maison-Brûlée et Bourgtheroulde.

Distance : **13** kil. **100** m. *Côtes :* **1** h. **22** min. *Pavé :* **19** min.

Nota. — Après la Maison-Brûlée, longue côte de dix-huit cents m. dans la forêt de la Londe. Sur le reste du parcours, on trouve encore deux autres rampes d'un kil. et de huit cents m. Belles descentes vers les vallées du Bec et de la Risle.

De Rouen au carrefour de la Maison-Brûlée (**18.3** — Côtes : 33' — Pavé : 14'), *V.* l'itinéraire de *Rouen à Pont-Audemer*, page 89.

Au carrefour de la Maison-Brûlée, on abandonne la r. de Honfleur, par Pont-Audemer, et l'on tourne à g. sur la r. d'Alençon.

Cette r., orientée du N. au S., traverse la belle *forêt de la Londe* sur une largeur de cinq kil. Descente d'un étroit vallon; au bas, on croise la *ligne de Rouen à Serquigny*, près de la gare de La Londe. Une longue côte (20') conduit ensuite sur la lisière de la forêt d'où l'on descend, à part deux courtes montées (2' et 2'), jusqu'au gros village de **Bourgtheroulde** (**6.5** — Ch.-l. de c. — 742 hab. — Hôt. de la *Corne-d'Abondance* — Pavé : 3'), situé à l'intersection des r. d'Elbeuf (10.1) à La Mailleraye (22.6) et du Neubourg (20) à Pont-Audemer (29).

La r. de Brionne, toute droite, s'élève légèrement pendant un kil.; puis, se déroulant à travers une contrée fertile, mais ordinaire, s'abaisse un peu. On monte encore pendant trois cents m. avant de couper (**5.5**) le ch. de Montfort (12) à Elbeuf (15.6).

Une rampe d'un kil. (10') précède le hameau du Nouveau-Monde (**1.2**). Au delà, le terrain s'aplanit ou descend légèrement. Successivement on rencontre les hameaux de la Maison-Rouge (**2.0**), de la Forge (**2.5**) et du Bosrobert (**0.8**).

Descente très rapide et dangereuse dans le pittoresque vallon du *Bec*. Au bas de la pente, au hameau de Saint-Martin-du-Parc (**1.1**), on croise le ch. du Neubourg (15) à Pont-Authou (4 8), par Le Bec-Hellouin (2.1 — Hôt. *Vallée* — Restes remarquables d'une célèbre abbaye, transformée en dépôt de remonte).

De l'autre côté de la vallée, on franchit le passage à niveau de la *ligne d'Evreux à Honfleur*. Nouvelle côte très dure (15'); en arrière, apparaît la *tour Saint-Nicolas* de l'abbaye du Bec-Hellouin. Parvenu au sommet de la rampe, on prend aussitôt la descente vers la vallée de la *Risle*, creusée entre des collines boisées. A la première bifurcation, suivre la branche de dr.

Plus bas, la r. tourne à g. et pénètre dans la petite ville industrielle de **Brionne** (Ch.-l. de c. — 3.521 hab. — Pavé : 2'). A l'extrémité de la place de la *Halle*, laissant à dr. la r. de Pont-Audemer (26), on continue à g. pour arriver sur la place *Defremont-des-Yssards* où se trouve l'hôtel du *Havre* (**4**).

Si l'on peut disposer de quelque temps, on montera aux ruines du vieux *donjon* qui dominent la ville de Brionne; vue magnifique.

Excursion recommandée au départ de Brionne. — Les ruines du château d'Harcourt et Le Neubourg (32 kil., aller et retour).

Itinéraire : Le ch. du Neubourg s'élève sur le plateau qui commande la rive dr. de la vallée de la *Risle*. Il laisse sur la g. le village de Calleville (**2.5**), puis passe à celui d'Harcourt (**4**), où l'on voit les ruines importantes d'un *château*, avec donjon, de la fin du XVIe s.

Au delà d'Harcourt, on rencontre les villages de Rouge-Perriers (**4.2**) et de Villez-sur-le-Neubourg (**2.3**) avant d'atteindre **Le Neubourg** (**3** — Ch.-l. de c. — 2.437 hab. — Hôt. de la *Poste*), localité connue pour l'importance de ses marchés.

DE BRIONNE A LISIEUX

Par Le Marché-Neuf et L'Hôtellerie.

Distance : **39** kil. **300** m. *Côtes :* **28** min.
Pavé : **1** min.

Nota. — Cet itinéraire, très roulant, après une longue côte de deux kil. au départ de Brionne, traverse ensuite de grandes plaines fertiles.

Entre Brionne et Lisieux, le seul endroit où l'on peut déjeuner est L'Hôtellerie. Quitter Brionne de bonne heure afin d'avoir le temps de visiter Lisieux le même jour.

A la sortie du l'hôtel du *Havre*, tourner à g. et suivre la rue qui conduit presque aussitôt à un rond-point entouré de tilleuls.

Ici, laissant la r. d'Evreux (40.2) devant soi, prendre à dr. le b^d de *Bernay*. On traverse trois ponts sur la *Risle* avant de rejoindre, au delà d'une filature, la r. de Bernay, dont on gravit la grande côte (25'), à g.

Sur le plateau, une seule montée, de deux cents m. (2'), précède le croisement (**6**) de la r. nationale de Paris à Cherbourg. A ce croisement, on abandonne la r. d'Alençon, par Bernay (*V.* page 27), et, laissant à g. la direction d'Evreux (39), on tourne à dr.

L'excellente r. de Cherbourg, entre une double rangée de beaux arbres, se déroule toute droite jusqu'à Lisieux, et reste plate sauf quelques ondulations insignifiantes; elle parcourt une contrée couverte d'opulentes cultures, parsemées de bouquets de bois et de vergers.

Successivement on dépasse les hameaux de Boisney (**1.3**) et du Marché-Neuf (**1.3**), puis, après l'intersection (**2.3**) du ch. de Bernay (7.4) à Lieurey (10.1), le village de Duranville (**1.1**).

Plus loin, deux montées de trois cents m. précèdent le croisement (**3.8**) du ch. de Thibouville (0.7) à Lieurey (10.5). On passe (**2.1**) du dép^t de l'Eure dans celui du Calvados; ici cesse l'agréable bordure d'arbres qui ombrageait la r.

Après le hameau de L'Hôtellerie (**1.5** — Hôt. de l'*Ecu-d'Or*), un raidillon (1') est suivi d'une montée douce, mais assez longue, jusqu'à hauteur de la *borne 6*.

La r. suit le tracé d'une antique voie romaine et file sur la crête du plateau, très découvert, formant promontoire entre deux vallons qui laissent entrevoir leurs sillons boisés. A g., se détache (**10.2**) l'*ancienne route*, bordée d'arbres; mais, malgré son aspect engageant, il est préférable de continuer à dr. la nouvelle r.

Celle-ci descend pendant deux kil. vers la charmante vallée de la *Touques*, au fond de laquelle on aperçoit **Lisieux** (Ch.-l. d'arr. — 16.081 hab.), agréable petite ville qui a conservé un nombre considérable d'anciennes maisons normandes.

La rue de *Paris*, après avoir croisé (**3**) le b^d d'*Orbec*, se prolonge par la *Grande-Rue* à la pente rapide.

Dans la Grande-Rue, la rue *Au Char*, la deuxième à g. (Pavé : 2'), conduit à l'hôtel de *Normandie* (**0.3**), situé à cent cinquante m., au n° 25, à g.

Plus loin, la Grande-Rue (Pavé : 4'), ayant longé la place *Thiers*, passe devant le *bureau de la poste* et atteint l'hôtel de *France-et-d'Espagne*, à g., au n° 121 (**0.1** — Café de la *Place*).

Visite de la ville de Lisieux (environ 2 h. 1/2). — En sortant de l'hôtel de *France-et-d'Espagne*, on remonte à dr. la *Grande-Rue* pour gagner la place *Thiers*. Sur cette place s'élève, dans l'angle N.-E., l'**église Saint-Pierre** attenant au bâtiment de *l'ancien palais épiscopal*, ce dernier occupé aujourd'hui par les tribunaux et le musée.

Après avoir visité l'église Saint-Pierre, passer à dr. sous le portail du palais épiscopal; on traverse la *cour Matignon*, en laissant à dr. les *tribunaux de 1re instance et de commerce*, et l'on accède au *Jardin public* par l'escalier à double rampe situé au fond de la cour.

Tournant à dr. sur la terrasse, en contre-haut du jardin, on arrive devant le perron du palais, à l'entrée du **Musée** (ouvert le jeudi et le dimanche, de 1 h. à 4 h.; les autres jours, s'adresser au concierge sous le portail de la cour Matignon).

Vis-à-vis le perron, descendre les quelques marches qui précèdent le jardin, où de beaux marronniers, plantés en quinconces, entourent un bassin et des parterres.

Dans le jardin, tourner à g., puis descendre un autre escalier pour gagner, au bas, la rue *Condorcet*. Cette dernière, à g., ramène à la place Thiers.

L'angle N.-O. de la place Thiers est contigu à la place *Hennuyer* où subsistent deux *anciennes demeures* du XIVe s.

Dans la rue du *Bouteiller*, en face, qui part de la place Hennuyer, on peut voir à g. une *fontaine* monumentale adossée à l'immeuble du n° 9.

Traversant la place Thiers du N. au S. (deux vieilles *maisons* en bois remarquables), on coupe la Grande-Rue et l'on continue, vis-à-vis, par la rue commerçante du *Pont-Mortain*. Suivre cette rue jusqu'à hauteur de la *Halle aux grains*; ici, quitter la rue du Pont-Mortain et s'engager à g. dans la très curieuse **rue aux Fèvres**, d'aspect moyenâgeux, bordée d'antiques *maisons* dont les façades en bois sculpté, sont des plus intéressantes.

La rue aux Fèvres, longe à g. la longue place *Victor-Hugo*, autour de laquelle on remarque encore plusieurs *vieilles demeures*, et va aboutir à la place du *Marché-au-Beurre*, devant l'**église Saint-Jacques**, à l'encoignure de la rue au *Char*, composée d'anciennes habitations.

Sur le flanc N. de l'église, l'étroite rue de la *Paix*, parallèle à la rue au Char, présente aussi quelques vieilles *maisons*, dignes d'être vues, et conduit dans le haut de la Grande-Rue. Celle-ci, à g., ramène à la place *Thiers*.

Dans la Grande-Rue, se trouvent : à g., à l'angle de la rue au Char, l'*Hôtel de Ville*, sans intérêt, et, à dr., vis-à-vis la rue au Char, l'entrée de la rue *Olivier;* cette dernière va rejoindre la route de Pont-l'Evêque, où l'on peut visiter à dr., au n° 58, le *jardin de l'Etoile*. Une grande porte blanche donne accès dans ce beau jardin, magnifiquement ombragé, propriété privée où les visiteurs étrangers sont admis.

Pour mémoire.— De **Lisieux** à **Honfleur** (**33 kil. 900** m.), par Ouilly-le-Vicomte (**4**), Le Breuil-en-Auge (**5.3**), Les Paris-Fontaines (**1**), Manneville-la-Pipard (**3**), **Pont-l'Evêque** (**4** — *V*. page 101), Tourville (**4.7**), Equemauville (**8.2**) et Honfleur (**3.7** — *V*. page 94).

De **Lisieux** à **Trouville** (**29** kil. **200** m.), par **Pont-l'Evêque** (**17.3** — *V*. ci-dessus) et Trouville (**11.9** — *V*. page 98).

De **Lisieux** à **Pont-Audemer**, *V*., en sens inverse, page 92.

De **Lisieux** à **Orbec** (**20** kil.), par Glos (**5**) et Orbec (**15** — Ch.-l. de c. — 2.933 hab. — Hôt. de *Lisieux* — Anciens hôtels).

De **Lisieux** à **Gacé** (**46** kil. **800** m.), par Saint-Martin-de-Lalieue (**4**), **Livarot** (**14** — Ch.-l. de c. — 1.813 hab. — Hôt. de *Paris* — Fromages renommés), **Vimoutiers** (**9.6** — Ch.-l. de c. — 3.546 hab. — Hôt. du *Soleil-d'Or*) et Gacé (**10.2** — V. page 27).

De **Lisieux** à **Argentan** (**59** kil. **600** m.), par **Vimoutiers** (**27.6** — V. ci-dessus), **Trun** (**19** — Ch.-l. de c. — 1.550 hab. — Hôt. *Sainte-Barbe*) et Argentan (**13** — V. page 201).

De **Lisieux** à **Falaise**, V., en sens inverse, l'itinéraire de de la page 202.

DE LISIEUX A CAEN

Par La Boissière, Crèvecœur-en-Auge, Saint-Loup-de-Fribois, Le Bras-d'Or, Le Lion-d'Or, Croissanville, Moult, Vimont et Cagny.

Distance : **17** kil. **900** m. *Côtes :* **11** min.
Pavé : **0** min.

Nota. — Cet itinéraire présente une côte de cinq kil., en partie faisable en machine, au départ de Lisieux, puis descend pendant deux kil. vers la vallée d'Auge. Courte montée au Bras-d'Or; une autre, un peu plus longue, après Croissanville; ensuite sol à peu près plat jusqu'à Caen.

A la sortie de l'hôtel de *France-et-d'Espagne*, la *Grande-Rue* (Pavé : 5'), à g., franchit deux bras de la *Touques*, puis, sous le nom de rue de *Caen*, tourne brusquement à g., pour aboutir devant les restes des bâtiments du XVIIIe s., élevés au chevet de l'*église Saint-Désir*, qui faisaient partie d'une ancienne abbaye. Ici, la rue incline à dr., en laissant de ce côté le ch. de Dives (32.2).

Hors de la ville, la r. de Caen, entre des haies, sans vue, s'élève en droite ligne pendant près de cinq kil., mais deux kil. deux cents m. de cette longue côte sont seulement pénibles (30'). On atteint ainsi le plateau intermédiaire entre la vallée de la *Touques* et la vallée de la *Vie*. La montée cesse à la *borne 21*, au delà du hameau de la Bosquetterie.

Parvenu aux dernières maisons du village de La Boissière (**7**), on aura soin d'abandonner l'*ancienne route*, bordée d'ormes, et de suivre à g. la « route nationale n° 13, déviation des côtes de Coupe-Gorge et Saint-Laurent, par Crèvecœur », comme l'indique l'inscription placée sur une haute borne en pierre, à g.

Charmante descente de deux kil. à travers une jolie contrée boisée. A g., sur un monticule, le petit village de La Houblonnière avoisine les *ruines* d'un château. La pente s'adoucit en approchant de Crèvecœur-en-Auge (**0.2** — Hôt. du *Cheval-Blanc*), village situé non loin de la *Vie*, dans la région, dite de la *vallée d'Auge* (cidre renommé), où les rivières de la *Vie* et de la *Morte-Vie* réunissent leurs eaux à celles de la *Dives*.

Dans Crèvecœur, abandonnant encore la r. directe, par le carrefour Saint-Jean (3), Corbon (1.5) et le hameau du Bras-d'Or (2.5 — *V.* ci-dessous), on tournera à g. pour descendre jusqu'à l'église de Saint-Loup-de-Fribois (**0.5**), où l'on quitte le ch. de Saint-Pierre-sur-Dives (**11.1**), pour prendre à dr. celui de Mézidon (7).

Ce ch., entre des peupliers, traverse les grasses prairies qu'arrosent la Vie et la Morte-Vie, petites rivières franchies sur deux ponts. Parvenu à la bifurcation suivante (**2.5**), très aiguë, vis-à-vis la barrière d'un pré, faire attention; ici, laissant à g. le ch. de Mézidon, continuer par la r. de dr. Celle-ci, plus loin, après avoir croisé un autre ch., aboutit (**2.5**) sur la r. qui va de Mézidon au hameau du Bras-d'Or. Tournant à dr. sur cette r., dans la direction d'une maison isolée, bientôt on atteindra (**0.5**) le hameau du Bras-d'Or, situé sur la r. nationale de Paris à Cherbourg. Ce détour excellent, quoique un peu compliqué depuis Crèvecœur, raccourcit de quatorze cents m.

La r. de Caen, à g., franchit cinq cents m. plus loin, un ponceau en dos d'âne sur la Dives, puis monte (6') au hameau du Lion-d'Or (**2.2**); elle traverse le passage à niveau de la *ligne de Mézidon à Trouville*, ensuite descend à Croissanville (**1**).

A partir de ce village, continuant à s'élever, en partie insensiblement pendant quatre kil. (Côte : 8'), on laisse en arrière la vallée d'Auge pour atteindre le faite d'une colline d'où une descente rapide (belle vue) mène à Moult (**5.5**), gros village sur la limite de la vaste plaine de Caen.

Ici, la contrée, richement cultivée mais dépourvue de tout attrait, cesse d'être intéressante et semble avoir emprunté ses paysages à la Brie ou à la Beauce.

A la sortie de Moult, petite montée (2'); successivement, on traverse les villages contigus de Vimont (**2.5** — Pavage de quatre cents m. bordé de bas-côtés) et de Bellengreville, puis, plus loin, celui de Cagny (**5**).

Une dernière côte (3') précède le pont du ch. de fer et le *carrefour de la Demi-Lune* (**6.7**) où viennent aboutir la r. de Rouen, par Pont-l'Evêque et Pont-Audemer (*V*., en sens inverse, page 93), et la r. de Trouville, par Cabourg (22.1), à l'entrée de **Caen** (Chef-l. du dép[t] du Calvados — 44.794 hab.).

On descend en ville par la rue d'*Auge* (Pavé : 3'). Après avoir dépassé la rue de la *Gare*, à dr., un peu plus bas, à l'angle de la maison portant le n° 31, on abandonne la rue d'Auge pour prendre à dr. la rue macadamisée du *Général-Decaen*. Celle-ci passe sous la *ligne de Cherbourg* et aboutit aux quais sur le bord de l'*Orne*. Ici, tourner à g. sur le quai des *Abattoirs*, puis franchir la rivière, à dr., au *pont de Vaucelles*. Ce pont donne accès à la place *Alexandre III*, où un *Monument* a été élevé « aux enfants du Calvados tués à l'ennemi en 1870 ». Tournant encore à g., on suit le quai des *Casernes*, entre la rivière et la *caserne Hamelin*, pour atteindre l'entrée du large cours *Sadi-Carnot*. Ce cours, à dr., grandiosement planté d'ormes et de platanes, longe un magnifique *champ de courses*, à g. Plus loin, négligeant le cours *Circulaire*, qui oblique à g., on continuera par la rue *Sadi-Carnot*.

A l'extrémité de la rue Sadi-Carnot, prendre à dr. le b[d] du *Théâtre*, en bordure du théâtre, puis, parvenu sur la place du même nom, tourner à g. dans la rue du *Pont-Saint-Jacques*.

En continuant le b[d] du Théâtre, quelques m. plus loin, on arrive à l'entrée du b[d] *Saint-Pierre*, à g., où se trouve situé l'hôtel *Moderne*, à g., au n° 1.

La rue du Pont-Saint-Jacques (Pavé : 1') longe le grand square de la place de la *République*, devant l'Hôtel de Ville, et conduit à l'hôtel de la *Place-Royale*, situé à dr., au nº 1 de la place de la République (2.8 — Cafés du *Grand-Balcon ;* des *Voyageurs*).

Visite de la ville de Caen (environ 4 h. 1/2, la visite des musées non comprise). — La place de la *République*, qu'occupe un square central, est bordée à l'O. par l'**Hôtel de Ville**, autrefois ancien séminaire. Dans la cour d'honneur de ce bel édifice, à g., se trouve l'entrée du **Musée de peinture** (public le dimanche et le jeudi, de midi à 5 h., en été; de midi à 4 h., en hiver; visible tous les jours pour les étrangers, gratification).

A dr. de l'Hôtel de Ville, la rue de l'*Hôtel-de-Ville* mène à l'**église Notre-Dame** qu'on pourra aller visiter. Revenant ensuite sur ses pas à la place de la *République*, on traversera le square, en biais, à dr., pour prendre, à l'angle S.-E. de la place, la rue du *Pont-Saint-Jacques*, à dr. Celle-ci communique avec la place du *Théâtre*, où l'on tourne à g. sur le bd du Théâtre. Quelques m. plus loin, abandonner le bd, qui oblique à g., et continuer devant soi par la rue *Bernières* venant aboutir à la rue *Saint-Jean*, dans le quartier animé de la ville.

Suivre à dr. la rue Saint-Jean jusqu'à hauteur de l'**église Saint-Jean**, dont le portail est encastré entre les deux immeubles portant les nos 155 et 157.

Après avoir vu l'église Saint-Jean, revenir sur ses pas par la rue Saint-Jean et la remonter dans toute sa longueur.

> Dans cette rue s'ouvrent à g. : au nº 56, le *passage Bellivet*, très commerçant, qui relie la rue Saint-Jean à la place du Théâtre, en croisant l'impasse *Gohier ;* plus loin, à l'angle du nº 24, l'impasse de *Than*, à l'extrémité de laquelle on peut voir l'**Hôtel de Than**, du XVIe s., habité aujourd'hui par divers locataires (entrer dans la cour).

La rue Saint-Jean aboutit au croisement du bd *Saint-Pierre*, près de la place et du square du même nom. En bordure du square, à dr., s'élève l'**église Saint-Pierre**; tandis qu'à g., en face du square, se trouve la cour de l'**Hôtel Le Valois-d'Escoville**, bâtiment du XVIe s., actuellement occupé par la *Bourse du Commerce*.

> Devant le portail principal de l'église Saint-Pierre, par la place du *Marché-au-Bois* et une ruelle, à dr. de l'hôtel du *Centre-et-de-la-Victoire*, on pourrait se rendre au **Château**. Le château, construit par Guillaume le Conquérant, sert à présent de caserne; on n'y est admis qu'avec une autorisation, de-

mandée aux *bureaux de la Place.* Dans l'enceinte du château il existe une ancienne *église* gothique; des remparts, la vue est fort belle.

Sur le flanc E. de l'église Saint-Pierre, la rue *Sohier,* puis à g. la rue *Saint-Malo,* en bordure d'un *marché couvert,* ramènent au b[d] *Saint-Pierre,* près de la **tour Guillaume-le-Roy,** reste des anciens remparts. En appuyant à g., on atteint, à l'extrémité du b[d], le quai *Vendeuvre,* sur le bord du *bassin à flot;* celui-ci constitue le *port* de Caen, relié à la mer par un *canal,* long de quatorze kil.

Ici, traverser le *pont de Courtonne,* à g., puis monter, en face du pont, la rue *Samuel-Bochart,* qui s'ouvre à g. du chalet-gare de la *ligne de Caen à la mer.*

La rue Samuel-Bochart va déboucher à la rue *Basse* qu'on suit à dr. jusqu'à la rue *Manissier,* la première à g.

En continuant la rue Basse, pendant un kil., on atteindrait la *maison* dite *des Gens-d'Armes,* située à g. à l'angle de la rue des *Gens-d'Armes.* De cette maison, jadis un *hôtel* particulier de l'époque Louis XIII, il subsiste un mur crénelé, orné de médaillons, reliant deux tours dont l'une porte sur sa plateforme deux statues en pierre représentant des guerriers.

Quelques m. plus loin, à dr., sur le ch., se trouve l'entrée du café-restaurant des *Gens-d'Armes,* dont le jardin, bien ombragé, a une sortie sur le *canal de Caen à la mer.*

Ayant gravi la rue escarpée Manissier, on atteint la place de la *Reine-Mathilde.* Sur cette place s'élèvent : devant soi, au N., l'ancienne *église Saint-Gilles* (abandonnée mais dont le clocher dessert la sonnerie de La Trinité), et, à dr., à l'E., l'**église de la Trinité,** ou l'**abbaye aux Dames** (en semaine, fermée de midi à 2 h.), contiguë à l'**Hôtel-Dieu.**

L'église de la Trinité renferme le tombeau de sa fondatrice, Mathilde de Flandres, épouse de Guillaume le Conquérant, duchesse de Normandie et reine d'Angleterre, ainsi qu'une *crypte* où furent inhumées les abbesses (pour visiter, s'adresser au concierge de l'Hôtel-Dieu; dans les jardins et cimetières de cet établissement, un monticule, sur lequel a été tracé un labyrinthe, offre à son sommet une vue étendue sur la vallée de l'Orne).

Le dos tourné à l'Hôtel-Dieu, on passera devant les restes de l'église Saint-Gilles, et, par les rues des *Chanoines* et du *Montoir-Poissonnerie* (antiques maisons en bois), on redescendra en ville.

Au delà du portail de l'église Saint-Pierre, laissant à g. la place *Saint-Pierre,* et, à dr., la rue de *Geôle* (dans cette rue, un ancien *hôtel,* au n° 20, et une vieille *maison* en bois, au n° 31), on continuera devant soi par la rue *Saint-Pierre,* une des principales de la ville.

Dans la rue Saint-Pierre, remarquer à dr., aux nᵒˢ 18, 20, 52 et 54, quatre beaux spécimens d'antiques *maisons* en bois, et, plus loin, les deux absides de l'**église Saint-Sauveur.**

Ici, abandonnant la rue Saint-Pierre, prendre à dr. la rue *Froide*, qui longe l'église Saint-Sauveur. Dans la rue Froide s'ouvre à dr. la rue de la *Monnaie* où l'on peut voir, aux nᵒˢ 3 et 6, les restes morcelés de l'ancien **Hôtel de Mondrainville** disparaissant sous les devantures de diverses industries établies en ce lieu.

La rue Froide vient aboutir au croisement de la rue *Saint-Sauveur.* Cette dernière, à g., longe les bâtiments de l'**Université**, dont la façade principale se trouve au N. sur la rue *Pasteur* (dans l'Université, on peut visiter le **Muséum d'Histoire naturelle**, ouvert le jeudi et le dimanche, de midi 1/2 à 3 h. 1/2; fermé du 15 août au 1ᵉʳ dimanche de novembre), et débouche à la place *Saint-Sauveur.*

Sur cette place, décorée de la *statue d'Elie de Beaumont*, existait autrefois l'*ancienne église Saint-Sauveur*, à l'E., convertie de nos jours en *halle au blé.*

La place Saint-Sauveur, très allongée, va se retrécissant, et joint, à l'O., la place *Fontette* où s'élève à dr. le *Palais de Justice.*

Traversant la place Fontette, on continue devant soi par la rue *Guillaume-le-Conquérant* pour gagner la place du *Lycée*, devant laquelle est érigé un *obélisque.*

Au fond de cette place, à g., l'**église Saint-Etienne**, ou l'**abbaye aux Hommes**, touche le *lycée Malherbe.*

L'église Saint-Etienne renfermait le tombeau de son fondateur Guillaume le Conquérant, duc de Normandie et roi d'Angleterre: mais de ce tombeau disparu il ne subsiste plus que le souvenir rappelé par une épitaphe moderne placée dans le sanctuaire.

Le lycée Malherbe, à côté de l'église, installé dans les bâtiments de l'ancienne abbaye aux Hommes, contient un parloir, de superbes appartements, des cloîtres, un réfectoire, des dortoirs et une chapelle qui méritent d'être vus (pour visiter, s'adresser au concierge : gratification).

De l'église Saint-Etienne, regagner la place Fontette où, tournant à dr., on se dirigera vers la place du *Parc*, bien ombragée de marronniers (*statue de Louis XIV* en empereur romain devant l'une des grilles du lycée). Sur cette place, s'ouvre à g. la rue de *Caumont*, à l'entrée de laquelle l'**église du Vieux Saint-Etienne**, à g., au nᵒ 46, sert de magasins et de dépôt de la voirie municipale (fermée les dimanches et fêtes, et tous les jours, de 11 h. à 1 h.; ne peut être visitée qu'en compagnie du concierge), tandis qu'à dr., au nᵒ 33, l'ancien *Collège du Mont* renferme le **Musée de la Société des Antiquaires** (public le jeudi et le dimanche, de 2 h. à 4 h.).

Continuant la rue de Caumont, on parvient à la place *Malherbe* où l'on retrouve la rue *Saint-Pierre.*

De la place Malherbe part à g. la rue *Ecuyère* où l'on peut voir deux intéressantes *maisons* situées : la première, au n° 9; la seconde, au n° 42.

Suivre la rue Saint-Pierre, à dr., jusqu'au chevet de la double abside de l'église Saint-Sauveur. Quelques m. plus loin, la rue de *Strasbourg*, qui se détache à dr., ramène a la place de la *République.*

Pour mémoire. — De **Caen** à **Pont-Audemer**, *V.*, en sens inverse, page 93.

De **Caen** à **Riva-Bella** (**16** kil. **200** m.), par Hérouville (**5.3**), Blainville (**3**), Benouville (**2.3**), Ouistreham (**4.1**) et Riva-Bella (**1.5** — *V.* page 110).

Entre Caen et Ouistreham, les cyclistes suivront de préférence le chemin de halage du *canal de Caen à la mer*, voie interdite aux automobiles et aux motocyclettes.

De **Caen** à **Luc-sur-Mer** (**16** kil. **300** m.), par Epron (**5**), Mathieu (**3.5**), **Douvres** (**4.8** — Ch.-l. de c. — 1.678 hab.), Notre-Dame-de-la-Délivrande (**0.1**) et Luc-sur-Mer (**2.6** — *V.* page 111).

De **Caen** à **Langrune** (**16** kil. **500** m.), par **Douvres** (**13.3** — *V.* ci-dessus) et Langrune (**3.2** — *V.* page 112).

De **Caen** à **Courseulles-sur-Mer** (**20** kil. **100** m.), par Buron (**6**), Vieux-Cairon (**2**), Cairon (**1.5**), Thaon (**2.5**), Fontaine-Henri (**2**), Moulineaux (**1**), Reviers (**2.1**) et Courseulles-sur-Mer (**3** — *V.* page 111).

De **Caen** à **Torigni-sur-Vire** (**49** kil.), par Saint-Germain-la-Blanche-Herbe (**3.5**), Carpiquet (**3**), Marcelet (**2.5**), Fontenay-le-Pesnel (**7**), Juvigny (**3**), Hottot-les-Bagnes (**2.5**), **Caumont** (**13.5** - Ch.-l. de c. — 976 hab. — Hôt. *Saint-Martin*), La Lande-sur-Drome (**5**) et Torigni-sur-Vire (**9** — *V.* page 142).

De **Caen** à **Avranches** (**102** kil. **500** m.), par Venoix (**2.7**), Bretteville-sur-Odéon (**2**), Tourville (**6.7**), Mondrainville (**1.1**). **Villers-Bocage** (**12.8** — Ch.-l. de c. — 1.017 hab. — Hôt. des *Trois-Rois*), Benneville (**7.8**), Saint-Pierre-du-Fresne (**1.7**), Saint-Martin-des-Besaces (**7.3** — Hôt. de la *Croix-Blanche*), La Gauterie (**4.8**), Pontfarcy (**13.7** — Hôt. de la *Grâce-de-Dieu*), **Villedieu-les-Poêles** (**19.3** — *V.* page 180). Saint-Chevreuil (**1.5**), Rouffigny (**3.5**), L'Epine (**2.7**), Ponts (**12.1**) et Avranches (**2.5** — *V.* page 181).

De Caen à **Vire** (**50** kil. **300** m.), par **Villers-Bocage** (**25.3** — *V.* page 133), Le Mesnil-Auzouf (**15**) et Vire (**10** — *V.* page 192).

De Caen à **Domfront** (**77** kil. **200** m.), par May-sur-Orne (**0.7**), Laize-la-Ville (**2**), Saint-Laurent-de-Condel (**5.2**), Les Moustiers-en-Cinglais (**1.6**), Forge-à-Cambro (**4**), **Thury-Harcourt** (**3.3** — Ch.-l. de c. — 1.127 hab. — Hôt. de la *Poste*), Pont-de-la-Mousse (**1.7**). La Bouriennière (**1.5**), Clécy (**3.5**), Le Fresne (**1**), Saint-Denis-de-Méré (**2.2**). **Condé-sur-Noireau** (**3** — *V.* page 196), Saint-Martin (**1**) Le Pont-de-Vère (**6**), **Flers** (**1.8** — *V.* page 195), La Chapelle-au-Moine (**4.5**), Le Châtellier (**4.2**) et Domfront (**12** — *V.* page 189).

Cette r. accidentée, mais très pittoresque, remonte, entre Thury-Harcourt et Clécy, une partie de la vallée de l'*Orne*, dont l'aspect agreste lui a valu le surnom de « petite Suisse ».

De Saint-Denis-de-Méré au Pont-de-Vère, la r. nationale passant par Condé-sur-Noireau, localité sans intérêt, il sera préférable, au point de vue de la beauté des paysages, de prendre à Saint-Denis-de-Méré le ch. qui descend à Pont-Erambourg (2.5 — *V.* page 197), hameau délicieusement situé au confluent des rivières du *Noireau* et de la *Vère*. De Pont-Erambourg, on remonte ensuite le ravissant vallon de la Vère jusqu'au hameau de Pont-de-Vère (9) où l'on rejoint la r. nationale, le détour allongeant d'un kil. et demi environ.

De Caen à **Falaise** (**35** kil.), par Cintheaux (**15.2**), Hautmesnil (**1.0**), Quesnay (**5**), Potigny (**3.8**), Soulangy (**3.4**), Saint-Pierre-Canivet (**1.4**), Aubigny (**1.3**) et Falaise (**3** — *V.* page 199).

DE CAEN A BAYEUX

Par Saint-Germain-la-Blanche-Herbe, Bretteville-l'Orgueilleuse, Sainte-Croix-Grande-Tonne et Saint-Martin-des-Entrées.

Distance : **27** kil. **700** m. *Côtes :* **22** min.
Pavé : **22** min.

Nota. — Etape courte permettant d'arriver d'assez bonne heure à Bayeux pour visiter cette ville le même jour. La route, excellente, mais dénuée de tout attrait pittoresque, se déroule en plaine et ne présente que deux courtes côtes et une rampe, un peu plus accentuée, à la traversée de la vallée de la Seulles.

A l'angle S.-O. de la place de la *République*, s'ouvre la rue *Auber* (Pavé : 3') qui mène à la place *Gambetta*. On longe le petit square, devant l'*Hôtel de la Préfecture*, puis, de l'autre côté de la place, on continue à dr. par le b^d^ *Bertrand*. Parvenu à la place du *Parc*, ombragée d'arbres, en vue de la *statue de Louis XIV*, en costume romain, érigée devant la grille du *Lycée*, on inclinera à dr. pour arriver à la place *Fontette*, vis-à-vis le *Palais de Justice*. Ici, suivre à g. la rue *Guillaume-le-Conquérant* (Pavé 8') dans toute sa longueur.

Après la place du *Lycée*, laissée à g., on traverse la place de l'*Ancienne Boucherie*, d'où se détache à g. la rue *Caponière*, et l'on continue par la rue de *Bayeux*, légèrement montante.

Hors de la ville, la r. de Bayeux, plate, bordée d'arbres, croise le passage à niveau de la *ligne de Caen à Courseulles* ; à g., un beau *calvaire* en pierre se dresse sur un piédestal précédé de quelques marches.

En arrivant au gros village de Saint-Germain-la-Blanche-Herbe (**3.5** — Pavé : 3') on passe devant la *Prison centrale de Beaulieu*, dite aussi la *Maladrerie*, parce qu'elle occupe l'emplacement d'une ancienne léproserie ; une côte (5').

A la sortie du village, à la bifurcation, négligeant à g. la direction de Tilly-sur-Seulles (16.2) et de Torigni (46), on suit la r. qui monte (5') à dr. Celle-ci court en plaine, dépassant successivement le hameau du Bourg (**5.3** — Beau château), au bord du ruisseau de la *Mue*, et le village de Bretteville-l'Orgueilleuse (**3** — Hôt. du *Grand-Monarque*), précédé d'une rampe de trois cents m.

Au delà de Bretteville, la r. s'élève insensiblement pendant un kil., puis, après une descente assez rapide de cinq cents m., franchit le ruisseau de la *Thue* ; petite côte dure (3'). On laisse sur la dr. le village de Sainte-Croix-Grande-Tonne (**1.5**) avant d'atteindre le hameau de Saint-Léger (**2.8**).

Deux kil. et demi plus loin, belle descente rapide au hameau du Vieux-Pont où l'on traverse la *Seulles*. On remonte le versant opposé de la vallée par une forte côte (7') suivie d'une descente douce menant à Saint-Martin-des-Entrées (**6.1**) ; raidillon et petite côte (2').

Descente vers la fertile vallée-plaine de la rivière d'*Aure*, où se trouve située la ville de **Bayeux** (Ch.-l. d'arr. — 7.806 hab. — Café *Challe*).

Parvenu au *bureau de l'octroi*, suivre à dr. la rue *Saint-Jean* (Pavé : 8'), dont la pente rapide conduit au pont sur l'*Aure*, après avoir laissé à g. l'*Hospice* et la *Halle aux grains*. De l'autre côté de la rivière, on monte la rue *Saint-Martin*. Plus haut, près de la maison portant le nº 60, tourner à dr. dans la rue *Genas-Duhomme*. Celle-ci aboutit à la rue des *Bouchers*, à l'angle de l'hôtel du *Luxembourg*, situé à g. au nº 25 (**2.5**).

Visite de la ville de Bayeux (environ 2 h. 1/2, la visite des musées comprise). — Sortant de l'hôtel du *Luxembourg*, tourner à dr. dans la rue *Genas-Duhomme*, puis descendre à g. la rue *Saint-Martin* (*maison* ancienne, en face, au nº 69) jusqu'à la première à dr., la rue des *Cuisiniers*, qu'on prendra (vieille *maison*, à l'angle g., au nº 1).

La rue des Cuisiniers se prolonge sous le nom de rue *Bienvenue* (ancienne *maison*, au nº 6) pour atteindre la place de la *Cathédrale*; mais, sans aller jusque là, on devra descendre à g. la rue de la *Chaîne* qui conduit à l'angle de la rue *Laitière*. A cet angle, à dr., le portail de l'*Hôtel de Ville*, ouvert dans les bâtiments de l'*ancien évêché*, donne accès à un passage voûté sous lequel se trouve l'entrée, à dr., du *Musée de peinture* (public le dimanche et le jeudi, de 1 h. à 5 h., en été, à 4 h. en hiver; les autres jours s'adresser au concierge de la mairie).

De l'autre côté du passage, ayant traversé la place comprise entre l'Hôtel de Ville, le Palais de Justice et la Cathédrale, en laissant à dr. un *platane* de proportion extraordinaire, on contournera le chevet de la cathédrale pour remonter à dr., par la rue de l'*Evêché*, jusqu'à la place où s'élève la façade principale de la **Cathédrale Notre-Dame**, un des édifices religieux les plus remarquables de la France (fermée de midi à 1 h. 1/2. A l'intérieur il est perçu : pour monter à la *tour centrale*, 1 fr. pour une personne, pour deux personnes et au-dessus, 50 c. chacune; pour la visite de la *crypte* et de la *salle capitulaire*, 50 c. pour une personne, pour deux personnes et au-dessus, 25 c. chacune; pour la visite de la *sacristie* et de la *salle épiscopale*, 25 c. par personne — Horloge avec *carillon*).

Vis-à-vis de la cathédrale, la rue de la *Maîtrise* mène à la place *Saint-Sauveur*, grand quadrilatère gazonné, encadré de belles rangées d'arbres, qui entourent une *fontaine* monumentale. Tournant à dr. sur cette place, on trouve presque aussitôt, au n° 35, le portail de la *Bibliothèque Publique* par lequel on pénètre également dans le **Musée**, où est conservée la fameuse *tapisserie de la Reine Mathilde*. pièce unique dans son genre (visible tous les jours, en s'adressant au concierge; gratification).

Au delà du musée, on dépasse la *statue d'Alain Chartier*, à g., et l'on continue par la rue du *Général-de-Dais*, aboutissant à la rue *Saint-Malo*. Descendre cette dernière à dr., en remarquant à g., au n° 4, l'ancienne *maison*, la plus intéressante de la ville, dite l'*Hôtel de Fresne*. Un peu plus bas, à l'entrée de la rue *Saint-Martin*, la rue *Genas-Duhomme*, à g , ramène à l'hôtel.

Pour mémoire. — De **Bayeux** à **Courseulles-sur-Mer (20 kil. 200 m.)**. par Saint-Vigor-le-Grand (**1.2**), Sommervieu (**3.5**), Villers-le-Sec (**6**), Tierceville (**2.5**), Banville (**3.5**), Graye (**2**) et Courseulles-sur-Mer (**1.5** — *V*. page 114).

De **Bayeux** à **Ver (15 kil. 700 m.)**, par Sommervieu (**1.7** — *V*. ci-dessus), Crépon (**7.3**), Ver (**2.2**) et Ver-Plage (**1.5** — *V*. page 115).

De **Bayeux** à **Asnelles** (**12** kil.), par Sommervieu (**4.7** — *V*. ci-dessus), **Ryes** (**3** — Ch.-l. de c. — 418 hab.), Saint-Côme-de-Fresné (**2.5**) et Asnelles (**1.8** — *V*. page 115).

De **Bayeux** à **Arromanches-les-Bains** (**9** kil. **700** m.). par Saint-Vigor-le-Grand (**1.2**), La Rosière (**5.5**) et Arromanches-les-Bains (**3** — *V*. page 115).

De **Bayeux** à **Port-en-Bessin** (**8** kil. **800** m.), par Escures (**6.5**) et Port-en-Bessin (**2.3** — *V*. page 117)

De **Bayeux** à **Carentan** (**42** kil. **100** m.), par Vaucelles (**2.3**). Sainte-Anne (**2**). Tour (**2**), Mosles (**3**). Formigny (**6.7** — Hôt. du *Lion-d'Or*), Longueville (**4.8**), La Cambe (**3**), Osmanville (**5.7**). **Isigny** (**1.8** — *V*. page 120) et Carentan (**11.1** — *V*. page 121).

De **Bayeux** à **Villers-Bocage** (**25** kil.), par **Tilly-sur-Seulles** (**13** — Ch.-l de c. — 918 hab. — Hôt. du *Nord*), Juvigny (**2**), Villy-Bocage (**7.5**) et Villers-Bocage (**2.5** — *V*. page 133).

DE BAYEUX A SAINT-LO

Par Subles, Noron, La Tuilerie, Castillon, Balleroy et Bérigny.

Distance : **39** kil. **300** m. *Côtes :* **1** h. **10** min.
Pavé : **21** min.

Nota. — Cet itinéraire, qui écarte momentanément de la route nationale, entre Bayeux et Carentan (*V.* page 137), permet de visiter Saint-Lô, le chef-lieu du dép[t] de la Manche, ainsi que la région centrale de cette partie de la Normandie; il fournit aussi l'occasion de voir le château de Balleroy, un des plus beaux domaines du pays.

Trajet accidenté par trois côtes, longues chacune d'environ deux kil.

A la sortie de l'hôtel du *Luxembourg*, tourner à dr. dans la rue *Genas-Duhomme* (Pavé : 15'), puis descendre à g. la rue *Saint-Martin* jusqu'à la première à dr., la rue des *Cuisiniers* qu'il faut prendre. La rue des Cuisiniers, prolongée par la rue *Bienvenue*, passe devant le portail de la cathédrale et continue, au delà, sous les noms de rues des *Chanoines* et de *Saint-Loup* pour gagner l'extrémité de la ville.

Après une courte montée, on traverse le pont au-dessus de la *ligne de Paris à Cherbourg*, en laissant à g. le ch. de Saint-Paul-de-Vernay (11.5) et, à dr., l'église de Saint-Loup-Hors.

La r., s'écartant de la vallée d'Aure, parcourt une contrée entrecoupée de prairies et d'herbages que divisent des haies touffues et des beaux alignements d'arbres.

Le premier village rencontré est Subles (**5.2**), d'où une descente rapide et dangereuse conduit dans la vallée de la *Dromme*, rivière qu'on franchit. Sur le versant opposé, une rampe douce, de six cents m. (5'), permet d'atteindre Noron (**2.8**), ensuite, plus loin, La Tuilerie (**1.6**), village où se fabrique de la *poterie* commune.

Ici, faire attention, à hauteur de la *borne 12.5*. il faudra abandonner la r. directe de Saint-Lô et s'engager à g. sur le ch. de Balleroy, détour qui allonge seulement de deux kil. cinq cents m.

Descente pittoresque, sous les ombrages du *bois de la Chambrette*, vers la Dromme ; à g., on aperçoit un ancien château. Plus bas, la rivière est traversée près du grand *château de Castillon*, celui-ci moderne, au milieu de sapins, également à g. Longue côte (20') pour gagner le village de Castillon (**2.1**), sur un promontoire triangulaire, défendu par des vallons escarpés, ensuite le pittoresque *carrefour du Sapin* (**3.2**), où se détache à g. la r. de Caen (35.5), par Tilly-sur-Seulles (15.5).

Neuf cents m. au delà du carrefour, une descente rapide, sous une belle avenue d'ormes, conduit au gros bourg de **Balleroy** (Ch.-l. de c. — 1.059 hab. — Hôt. de la *Place*), étagé sur le coteau à dr. de la Dromme.

A mi-descente, on arrive à la place du *Marché* (**0.9**), vis-à-vis de l'entrée de l'allée du *château*.

Le **château de Balleroy** (visible seulement le mercredi ; gratification au domestique qui accompagne), demeure princière appartenant au marquis de Balleroy, a été bâti par Mansart. Il est flanqué de pavillons et de tours, entourés de douves profondes. Les appartements sont décorés de peintures dues à Mignard et renferment des tapisseries remarquables des Gobelins.

Dépassé le château, la r., tournant à angle droit, à g., descend la seconde partie du bourg par la rue des *Forges*, puis franchit la rivière. Ensuite une côte de deux kil. (25'), à travers la magnifique *forêt des Biards*, ou de *Cerisy*, conduit au beau *carrefour de Montfiquet* (**2.5**), où l'on rejoint la r. directe de Bayeux à Saint-Lô.

On traverse, à g., la forêt pendant six kil. Après une montée de trois cents m., qui précède la lisière du bois, commence une agréable descente de deux kil., au milieu d'une ravissante région boisée et agreste, menant vers la vallée de l'*Elle* ; on entre dans le dép[t] de la *Manche*.

Au bas de la descente, la rivière franchie, il faut remonter le versant opposé par une nouvelle côte, encore longue de deux kil. (25'), jusqu'au *bureau de la poste* de la Croix-Rouge (**10**), hameau dépendant de Bérigny, village laissé à g., en amont dans la vallée.

Dans ces parages, les habitations, en pierre ou en ardoise, sombres de teintes, remplacent les coquettes chaumières normandes; mais, à l'intérieur des maisons, brille l'éclat des vases et des bassines de cuivre qui servent aux habitants pour le commerce du laitage.

Trois kil. environ après La Croix-Rouge, on dépasse à g. (**3.1**) le ch. de Saint-Pierre-de-Sémilly (1), village possédant un vieux *château* intéressant. Plus loin, montée de deux cents m., suivie d'une côte (4'), ensuite descente douce ininterrompue.

On laisse à g. (**5.5**) la bifurcation du ch. de Caumont (21) et l'on passe devant le *haras de Saint-Lô*, à dr., un des plus importants de la Normandie. Plus bas (**0.7**), le ch. de Lison (15) et d'Isigny (27), ainsi que la r. de Vire (38), s'écartent, à dr. et à g., à l'entrée de Saint-Lô (Ch.-l. du dép[t] de la Manche – 11.604 hab.), ville bâtie sur un promontoire rocheux qui domine à l'O. la vallée de la *Vire*.

Suivre la rue du *Neufbourg* (Pavé : 2') jusqu'à la place *Sainte-Croix*, où l'on voit à dr. l'*église Sainte-Croix*. Ici, tourner à g. dans la rue *Le Verrier*, puis à dr. dans la rue macadamisée *Dagobert*. Au bas de cette dernière, on traverse en biais la place des *Ecoles* pour continuer devant soi par la rue *Havin*, qui descend au-dessous des rampes montant à dr. dans le haut de la ville.

La rue *Torteron* (Pavé : 4'), la principale de Saint-Lô, prolonge la rue Havin et conduit au pont sur la Vire, qu'il faut traverser. De l'autre côté de la rivière, à cent m., dans la rue du *Bourg-Buisson*, se trouve situé l'hôtel de l'*Univers*, à g. au n° 15 (**1.1** — Café du *Grand-Balcon*).

Visite de la ville de Saint-Lô (environ 1 h. 3/4). — Se dirigeant vers la ville, on traversera le pont sur la *Vire*, puis l'on suivra la rue *Torteron* jusqu'à hauteur du café du *Grand-Balcon*. Ici, à g., une rampe, au-dessous d'un groupe pittoresque de vieilles *maisons*, monte, par la ruelle escarpée de la *Porte-Torteron*, à la vaste place *Gambetta*, sur le plateau que couvre la Ville Haute.

A l'E. de cette place, s'élève l'**église Notre-Dame**; tandis qu'à l'O., s'étend la place des *Beaux-Regards* (fontaine avec statue en bronze de *Laitière normande*), terminée par une terrasse d'où l'on a une vue ravissante de la vallée de la Vire. A g. de la terrasse, une *tour* à machicoulis, vestige des anciens remparts, disparaît sous le lierre.

Revenant sur ses pas, on voit à g., dans la rue du *Poids-de-Ville*, entre la place des Beaux-Regards et la place Gambetta, la **Maison-Dieu**, vieille habitation du XVe s., située à g. au n° 4.

Prendre ensuite, à g. de l'église Notre-Dame, la rue *Carnot*; dans cette rue, remarquer à dr. la *chaire* en pierre, adossée à l'église. Plus loin, la rue Carnot longe la place de la *Préfecture*, qu'encadrent la *Préfecture*, l'*Hôtel de Ville* et le *Palais de Justice*, puis aboutit au croisement de la rue *Octave-Feuillet*, devant l'entrée de la rue du *Neufbourg*, la grande artère de la Ville Haute.

A g., la rue Octave-Feuillet donne accès au *Champ de Mars*, vaste esplanade à l'E. de laquelle apparaît le clocher de l'*église Sainte-Croix*. Descendant à dr. la rue Octave-Feuillet, ensuite, encore à dr., la rue *Havin*, on arrive à l'angle de la rue des *Halles*, à g., où un gracieux *monument* a été élevé à *L. Havin*.

Tournant à g. dans la rue des Halles, on trouve aussitôt la porte du **Musée**, à g. (ouvert le dimanche, de midi à 3 h.; le jeudi, de 1 h. à 5 h.; les autres jours s'adresser au concierge, rue Havin, n° 13) et, plus bas, le *Théâtre*. Devant le théâtre, la rue *Saint-Thomas*, à dr., ramène à la rue Torteron d'où on regagnera l'hôtel.

Excursion recommandée au départ de Saint-Lô. — Les ruines de l'abbaye d'Hambye (61 kil., aller et retour).

Itinéraire : On sort de Saint-Lô par la r. de Villedieu-les-Poêles. Après le hameau de Candol (**3**), la r. descend dans la vallée de la *Vire* et traverse la rivière au pont de Candol (**1**); on croise la *ligne de Saint-Lô à Vire*. La r. remonte la rive g. d'un ruisseau, affluent de la Vire, qu'on franchit au Pont-Hain (**3**); puis, successivement, on passe aux villages de Saint-Samson-de-Bon-Fossé (**2.5**), du Mesnil-Herman (**3**) et de Villebaudon (**7.7**).

A Villebaudon, abandonnant la r. de Villedieu-les-Poêles, on prend à dr. celle de Bréhal, qu'il faut suivre jusqu'au hameau du **Bourg** (**7.5**), dépendant de la commune d'Hambye.

Ici, pour se rendre aux ruines de l'abbaye, on quitte la r. de Bréhal et l'on s'engage à g. sur le ch. de Sourdeval. Celui-ci, plus loin, descend rapidement dans la vallée de la *Sienne*. Au bas de la côte, avant le pont pittoresque sur la rivière, laissant le ch. de Sourdeval, on tourne à g. pour se diriger vers les ruines qui apparaissent devant soi (**3** — Hôt. *Lefranc*).

De l'*abbaye d'Hambye*, fondée en 1145, il ne reste plus que des vestiges situés dans deux propriétés. Dans la première, on peut visiter la *cuisine*, la *salle des morts* et la *salle capitulaire* de l'ancien couvent ; dans la seconde, se trouvent les ruines encore imposantes de l'*église*.

De l'abbaye, on reviendra au hameau du Bourg (**3**), où, coupant la r. de Villebaudon à Bréhal, l'on continuera, vis-à-vis, par le ch. qui passe au hameau des Champs (**1.7**). Plus loin, on prend à g. (**2.6**) le ch. menant a Notre-Dame-de-Genilly (**2.6**). Après ce village, on va franchir la *Soulle* au Pont-Brocard (**2.4**).

Le ch., continuant par les villages de Dangy (**3.7**), de Quibou (**3.3**) et de **Canisy** (**2** — Ch.-l. de c. — 691 hab — Hôt. *Lemoine*), regagne le pont de Candol (**3**), dans la vallée de la Vire, à quatre kil. de Saint-Lô (**4**).

Pour mémoire. — De **Saint-Lô** à **Lessay** (**37** kil.), par Agneaux (**1.9**), Hébécrevon (**4.1**), **Périers** (**21** — *V.* page 121) et Lessay (**10** — *V.* page 172).

De **Saint-Lô** à **Coutances** (**29** kil. **100** m.), par Agneaux (**1.9**), Saint-Gilles (**5**), Saint-Nicolas-de-Coutances (**20.8**) et Coutances (**1.4** — *V.* page 173).

De **Saint-Lô** à **Villedieu-les-Poêles** (**34** kil. **700** m.), par Candol (**3**), Pont-Hain (**4**), Saint-Samson-de-Bon-Fossé (**2.5**) Le Mesnil-Herman (**3**, Villebaudon (**7.7**), **Percy** (**5.5** — Ch.-l. de c. — 2 571 hab. — Hôt. du *Cheval-Blanc*) et Villedieu-les-Poêles (**9** — *V.* page 180).

De **Saint-Lô** à **Vire** (**38** kil. **700** m.), par **Torigni-sur-Vire** (**13.5** — Ch.-l. de c. — 1.931 hab. — Hôt. *Saint-Pierre* — A voir : le Château), Les Vallées (**2.1**), Campeaux (**8.4**), Etouvy (**7.7**). La Graverie (**0.5**), La Papillonnière (**3**), Neuville (**2.2**) et Vire (**1.3** — *V.* page 192).

DE SAINT-LO A CARENTAN

Par Pont-Hébert, Saint-Jean-de-Daye et La Fourchette.

Distance : **27** kil. **800** m. *Côtes :* **1** h. **3** min.
Pavé : **9** min.

Nota. — Cette route présente deux longues côtes : la première, de deux kil., en quittant Saint-Lô ; la seconde, d'un kil., à la traversée de la vallée de la Vire, à Pont-Hébert. Trajet légèrement ondulé jusqu'au hameau de l'Abbaye-de-La-Périne. Une montée assez accentuée précède encore le hameau de La Fourchette.

Au sortir de l'hôtel de l'*Univers*, tourner à dr. dans la rue du *Bourg-Buisson* ; puis, ayant franchi le pont sur la *Vire*, quelques m. plus loin, prendre à g. la rue de la *Poterne*. Celle-ci, s'engageant entre l'*Hôpital* et un énorme rocher qui supporte les restes des anciens remparts, contourne le bas de la ville. Un peu plus loin, la rue de *Dollée*, prolongement de la rue de la Poterne, mène, à la suite d'une courte montée (3'), à l'origine (**0.9**) de la r. de Carentan qui s'ouvre à g.

L'on s'éloigne momentanément de la Vire, qui décrit une courbe à l'O., et l'on attaque une rampe très dure de deux kil. (30') ; en arrière, la ville de Saint-Lô, avec ses maisons originalement étagées, forment un tableau pittoresque.

La r., ondulée, parcourt une région toujours entremêlée de prairies et de pacages. Pente douce suivie d'une montée (3'), puis descente rapide au village de Pont-Hébert (**5.6**), où l'on retrouve la vallée de la Vire.

De l'autre côté de la rivière, se présente une nouvelle rampe (13'), à laquelle succèdent une descente, puis un raidillon. On traverse en ligne droite une contrée que plisse une série de montées, enlevables, alternées de légères descentes ; à g., apparait le *château de la Mare de Cavigny*.

Après une courte côte (3'), précédant le hameau de l'Abbaye-de-La-Périne (**5.2**), la r. s'aplanit et passe à **Saint-Jean-de-Daye** (**2.5** — Ch.-l. de c. — 356 hab. — Hôt. *Thouroude*).

Au delà de ce village, descente d'un kil. ; à dr., la vue s'étend sur la vallée de la Vire, à présent très large. Plus loin, ayant franchi (**2.1**) le *canal de Vère*, on monte (3') pour atteindre le hameau de Briseval (**2.5**).

Dépassé le pont de la *ligne de Cherbourg* (**3.1**), on gravit une dernière côte (8') en arrivant au hameau de La Fourchette (**2.2**), où l'on rejoint la r. nationale de Paris à Cherbourg.

De La Fourchette à **Carentan** (**3.7** — Pavé : 9'), *V.* page 121.

DE CARENTAN A SAINT-VAAST-LA-HOUGUE

Par Sainte-Marie-du-Mont, Foucarville, Ravenoville, Saint-Marcouf, Fontenay, Auméville, Morsalines et Quettehou.

Distance : **10** kil. **600** m. *Côtes :* **21** min.
Pavé : **1** min.

Nota. — Cet itinéraire, se maintenant sur le sommet ou à mi-pente des collines qui dominent la mer, dont on ne s'écarte guère à plus de deux kil., longe la côte N. de la presqu'île du Cotentin. Trajet suffisamment ondulé, quelques côtes assez sensibles jusqu'au carrefour des Landes. Jolies vues sur la Manche.

De Carentan à Cherbourg, directement par la route nationale, V. l'itinéraire de la page 153.

Quittant l'hôtel d'*Angleterre*, suivre à g. la rue *Holgatte* pendant deux cents m. (Pavé : 2'), et, arrivé devant le passage à niveau de la *ligne de Cherbourg*, abandonnant la r. de Coutances (3' — V. page 121), prendre à dr. celle de Sainte-Mère-Eglise.

La r. traverse une grande vallée, sorte de plaine uniforme, large de deux kil., arrosée par la rivière de la *Douve*, dont on franchit quatre bras successifs.

De l'autre côté de la vallée, se présentent les collines avancées de la fertile *presqu'île du Cotentin* (large à sa base de trente-cinq kil., entre la baie du Grand-Vey et Lessay).

A moitié de la première rampe (3'), abandonnant **(3.6)** la r. nationale de Cherbourg (V. page 153), on prendra à dr. le **chemin de Sainte-Marie-du-Mont**.

Ce ch., qui monte presque continuellement, laisse à g. Saint-Côme-du-Mont, signalé par la flèche de son église, et, plus loin, Angoville-au-Plain, à dr., dans le vallon du *Pont*. Descente, puis côte (8') à Vierville (**1.3**).

Après avoir dépassé à g. une habitation, appelée *le Manoir*, on traverse le ruisseau de *Thouaye*, avant de gravir la butte (6') sur laquelle est bâti le gros village de Sainte-Marie-du-Mont (**2.5** — Aub. du *Soleil-de-Midi* — Eglise remarquable — Vue très étendue).

La r., contournant l'église de Sainte-Marie-du-Mont, à g., descend et vient aboutir, au carrefour de la Galie (1.9), à la r. transversale du Grand-Vey (4) à Audouville-le-Hubert qu'il faut suivre à g.

Du carrefour de la Galie, part le ch. qui conduit à la *plage de Sainte-Marie*. Ce ch., arrivé à la dune, tourne à g. (3.5) et atteint le hameau de la Madeleine (1 — Modeste auberge), où s'égaillent quelques maisonnettes sur une grève de sable fin, principalement fréquentée par les habitants des environs.

On passe au hameau du Grand-Chemin (0.8), puis au hameau de la Chaussée (1.2). Descente pour franchir les prairies du Val-de-la-Chaussée ; à la première bifurcation continuer à dr. La r., qui s'élève doucement pendant trois kil., traverse le carrefour d'Audouville-la-Hubert (1.1), village laissé sur la dr., puis gagne le carrefour de la Croix-Bertot (2) ; à dr., on aperçoit Saint-Martin-de-Varreville, derrière lequel se trouve une belle *plage* de sable, peu connue. Quelques ondulations; à g., remarquer une ferme avec tourelle. On passe à Saint-Germain-de-Varreville (1.5), ensuite à Foucarville (0.3).

La r., montant jusqu'à la *borne 19*, domine à dr. la vaste plaine qui sépare de la mer, puis descend vers Ravenoville (2.1) et Saint-Marcouf (2.2 — Eglise curieuse). En face de ce dernier village, on distingue, à deux kil. en mer, les *îles Saint-Marcouf*, au nombre de trois, défendues par un fort.

On passe à Fontenay (3) dont le *château* du XVIIIe s., autrefois résidence des grands baillis du Cotentin, est entouré d'un magnifique parc.

La r. ondule assez fortement, et, laissant à g. le village d'Ozeville, gravit une côte de cinq cents m. (7') pour atteindre le pittoresque *carrefour des Landes* (2.3 — Vue admirable), situé au croisement du ch. de Quinéville (2) à Montebourg (5).

Le ch., à dr., conduit au village de **Quinéville** (2 — 346 hab. — Hôt. *Moderne* — A voir : le Château), station balnéaire prospère, située sur un petit promontoire, entre l'embouchure de la rivière de l'*Ahre*, ou de la *Sinope*, et celle du ruisseau du *Tarais*. Du village, on gagne le hameau des Grèves au bord d'une splendide *plage* de sable (**1** — Villas et cabines).

Du carrefour des Landes, une descente courte, mais très rapide, conduit dans la vallée de la *Sinope* qu'on franchit. Après le passage à niveau de la gare de Sestre-Quinéville, montée légère, puis descente douce vers Auméville (**3.7**).

La r., à présent presque plate, ondule insensiblement et permet d'entrevoir, par intervalles, la mer, à dr., au delà des haies et des prés; à g., le *phare de Morsalines* se dresse sur une hauteur. On passe à Morsalines (**4.3**), village qui possède quelques chalets au hameau voisin du Rivage, devant une *plage* fréquentée par les peintres; puis l'on arrive à **Quettehou** (**1.8** — Ch.-l. de c. — 1.186 hab. —Hôt. *Lechevalier*), au bas d'une colline que couronne l'église.

Dans le bourg, parvenu vis-à-vis l'hôtel du *Commerce*, on abandonne la r. directe de Barfleur (9.8), par Anneville-en-Saire (5.3), et, laissant à g. celle de Valognes (16), on prend à dr. la r. de Saint-Vaast-la-Hougue. Cette dernière se dirige en droite ligne vers la petite ville de **Saint-Vaast-la-Hougue** (2.832 hab.), pittoresquement située sur un promontoire avancé dans la Manche.

A l'entrée de la ville, après avoir parcouru quelques m. de pavage (2'), on gagne l'hôtel de *France* (**2.7**), contigu au *bureau de la poste*.

Saint-Vaast la-Hougue est doté d'un **port** que protège une *jetée* d'où l'on aperçoit, à huit cents m. en mer, l'*île Tatihout*. Cette île, sorte de plateau gazonné, facilement abordable à pied, à marée basse, contient une citadelle déclassée, transformée aujourd'hui en *laboratoire de zoologie marine*.

Si l'on a du temps de reste, on se rendra au **fort de la Hougue** (1.5), bâti à l'extrémité d'une longue digue, contre laquelle sont adossées les cabines de bains de la *plage* sablée de Saint-Vaast.

C'est sur la rade de la Hougue que vinrent s'échouer, le 29 mai 1692, les vaisseaux de l'amiral Tourville à la suite d'un glorieux combat livré contre les flottes anglaises et hollandaises deux fois plus nombreuses. A l'époque des basses mers, on voit encore surgir, entre la Hougue et Tatihout, des débris, couverts d'algues et de coquillages, derniers vestiges de la flotte engloutie de Tourville.

DE SAINT-VAAST-LA-HOUGUE A CHERBOURG

Par Réville, Barfleur, Gatteville, Roville, Tocqueville, Saint-Pierre-Eglise, Théville et Tourlaville.

Distance : **41** kil. *Côtes* : **21** min. *Pavé* : **11** min.

Nota. — Route ondulée; côtes assez nombreuses mais courtes. Une magnifique descente de deux kil. précède Cherbourg.

De Barfleur à Tocqueville, le ch., par Gatteville et Roville, si l'on veut visiter le phare de Gatteville, est mal entretenu; la r. directe, très bonne, raccourcit de deux kil. deux cents m.

Au départ de l'hôtel de *France*, suivre la première rue à dr. (Pavé : 5'), qui, traversant la ville, passe devant l'église et conduit directement à l'entrée du ch. de Réville.

Celui-ci, fâcheusement bordé au début par un talus, garni d'un parapet, qui masque à dr. la plage, franchit plus loin le pont sur la *Saire* et se dirige vers Réville; vis-à-vis, au flanc des collines verdoyantes, se montre l'église de La Pernelle. Au delà du *château* et de l'église de Réville (**4**), on appuie à g. pour gagner, entre des haies, les hameaux de Saint-Eloi et de Crasville (**1.9**); dans ce dernier, la *ferme de la Cravellie*, flanquée de tourelles, était autrefois un manoir.

Le ch., qui se rapproche du rivage, oblique brusquement à g., en face de la petite *baie de Landemer*; il passe au hameau du même nom, puis monte quelque peu (3'), en laissant sur la g. le village de Montfarville (**1.9**).

Au bas de la descente suivante, après avoir côtoyé un moment la grève, on tourne à g., à l'extrémité du port de Barfleur, puis on croise la *ligne de Barfleur à Carentan*. Quelques m. plus loin, le ch. aboutit (**2.8**), près de l'hôtel du *Phare*, à la r. directe de Quettehou (9.5), formant ici l'unique rue de **Barfleur** (1.210 hab.), ville ancienne d'aspect triste.

A dr., la rue, large et morne, bordée de maisons en granit, conduit au *port*, aujourd'hui bien déchu, et à l'église (**0.5**), celle-ci sur une langue de terre qui abrite le bassin.

Presque en face de l'hôtel du *Phare*, s'ouvre une r. qui bientôt bifurque : la branche de g. est la continuation de la r. directe de Cherbourg, par Tocqueville (5 — *V.* ci-dessous) ; mais, si l'on désire visiter le phare de Gatteville, on devra suivre vis-à-vis, la branche de dr. Le ch. passe devant les ruines d'un ancien moulin à vent, puis descend au pied de la *statue de Notre-Dame Auxiliatrice*, laissée à g., pour arriver à Gatteville sur la place de l'*Eglise* (**2.5** — Aub. *Foucher*).

De la place de l'Église, part, à dr., le ch. qui conduit au **phare de Gatteville** (**1.8**) où l'on peut se rendre seulement à pied (1 h. aller et retour).

Le phare s'élève à la pointe extrême N. de la presqu'île du Cotentin, dite *Raz-de-Gatteville*, sur un banc de récifs. Il est très curieux à visiter ; du haut de la tour, on découvre une vue splendide. On revient à Gatteville (**1.8**) par le même ch.

De Gatteville, un ch. très médiocre, à g., mène au hameau de Roville (**1.9** — Montée : 3'), d'où l'on regagne, en appuyant à g., la bonne r. directe de Barfleur à Cherbourg (**1.8**).

La r. de Cherbourg, à dr., descend à Tocqueville (**0.9**), puis, au delà de ce village, gravit une côte raide (3') ; ensuite ondulée, avec des échappées de vue sur la mer, elle se dirige en droite ligne vers Saint-Pierre-Eglise. En arrivant au bourg, petite descente rapide devant le *couvent de Saint-Pierre*.

Dans **Saint-Pierre-Eglise** (**4.9** — Ch.-l. de c. — 1.842 hab. — Pavé : 3' — Hôt. du *Commerce*), la r., laissant à dr. le ch. de Cosqueville (3), tourne à g., puis monte durement (5') pour gagner Théville (**2.4**), village d'où se détache à g. le ch. de Saint-Vaast-la-Hougue (15.5), par Le Vast (7 — Site charmant dans la vallée de la Saire).

On traverse des landes ; quelques ondulations. A dr., s'écarte le ch. du *Cap Levi* (6.5). Quatre cents m. plus loin, on passe au hameau du Hamel-des-Ronches (**2.6**), où s'éloigne à g. un ch. vers Valognes (18).

La r., toute droite, continue à onduler ; deux courtes montées et descentes. A g., la vue s'étend sur une région mouvementée, encore couverte de landes ; plus loin, au hameau de Douet-Piquot (**5.5**), on domine à dr. le vallon qui aboutit au bord de la mer, près de Bretteville.

Après deux montées (4' et 3'), commence une magnifique descente de deux kil. offrant un merveilleux panorama sur Cherbourg et sa rade. Plus bas, au village de Tourlaville (**2.2**), cinq cents m. après l'église, se détache à g. le ch. de Montebourg (26).

Le ch. de Montebourg mène au **château de Tourlaville** (**1.3**). situé dans le pittoresque vallon qu'arrose le *Trottebecq*. Ce magnifique domaine, propriété de M. de Tocqueville, présente une construction imposante, du style de la Renaissance, qui n'a conservé du château primitif qu'une tour ruinée. Le parc seul est ouvert au public le dimanche.

La r., ayant traversé le village de Tourlaville, conduit au hameau Vivier où elle infléchit à g., en passant entre le *dépôt des tramways de Cherbourg*, à dr., et les bâtiments contigus d'une *fonderie* et d'une *scierie*, à g. Cent m. environ après ces bâtiments, les cyclistes qui voudraient éviter le long pavage de la rue du *Val-de-Saire*, faubourg de Cherbourg (2.5), devront abandonner la r. (**2**) et prendre à dr., près d'une forge, le ch. dit *des Flamands*.

Ce ch. traverse des jardins maraîchers et conduit au carrefour du village de la Moignerie (**0.5**). Ici, quittant la direction de la *digue* et du *fort des Flamands* (0.8), on tourne à g., à l'angle du débit de tabac, sur le ch. de Bourbourg à Cherbourg. Celui-ci court encore entre des champs de légumes, au delà desquels on entrevoit la rade, à dr.; tandis qu'à g. la *montagne du Roule* avance au-dessus de Cherbourg un promontoire armé d'un *fort*.

A l'extrémité du ch., ayant atteint un premier groupe d'habitations, on tourne d'abord à g., puis, presque aussitôt, à dr. dans la rue *Dom-Pedro*, sur le territoire de **Cherbourg** (Ch.-l. d'arr. — 42.938 hab. — Place de guerre, un des cinq ports militaires de la France).

On suit la rue Dom-Pedro dans toute sa longueur (cinq caniveaux). Son prolongement, la rue *Louis-*

Philippe, passe derrière le *Casino* et les bains de Cherbourg, puis aboutit au quai de l'*Ancien-Arsenal*, devant les appontements des paquebots. Le quai, à g., mène au débouché de la rue du *Val-de-Saire* (V. page 149), vis-à-vis le *pont tournant* qui sépare l'avant-port du bassin du Commerce.

Ayant traversé le pont à dr. (Pavé : 3'), on trouve : à g., à cent m., l'hôtel de l'*Amirauté*, situé au n° 16 du quai *Alexandre III*; ou bien, en face du pont, dans la rue du *Bassin*, l'hôtel de *France*, situé également à cent m., à dr., au n° 41 (**2.7** — Café du *Grand-Balcon*).

Visite de la ville de Cherbourg. — Une journée suffit pour visiter la ville de Cherbourg : dans la matinée, on fera l'ascension de la montagne du Roule et l'on verra la plage; dans l'après-midi. on visitera la ville et l'arsenal.

Itinéraire de la matinée (environ 2 h. 1/2). — Partant du *pont tournant*, on longera, du N. au S., le côté O. du *bassin du Commerce* par le quai *Alexandre III*. A l'extrémité du bassin, suivre à g. l'avenue *François-Millet*, belle promenade ombragée, qui, au delà de la gare, à dr., borde l'extrémité S. du *canal de retenue des eaux de la Divette*, et va aboutir à l'avenue *Carnot*.

Tournant à dr. sur cette avenue, on passe devant le **Jardin public**, à g., orné de beaux parterres. Sitôt après le jardin, s'ouvre à g. la rue *Ludé*, qu'il faut prendre; cent m. plus loin, la r. du fort du Roule commence à dr. à l'angle d'un café.

Cette r., qui décrit plusieurs lacets allongés sur le flanc de la montagne, conduit à la porte même du **fort du Roule** (à quatorze cents m. du pied de la montagne) et offre de jolis points de vue sur Cherbourg, sa rade et les environs. Du fort, on descendra par le *ch.* de piétons, à g. du pont-levis. Ce ch., taillé en zigzags dans le rocher, ramène à la rue Ludé et à l'avenue Carnot.

Suivre l'avenue Carnot, à dr., dans toute sa longueur. Après avoir longé la partie E. du canal de retenue des eaux de la Divette, on croise, à la place *Marie-Ravenel*, la rue du *Val-de-Saire*; continuant par la rue du *Rivage*, on atteindra la *plage*.

Ici, tourner à g. pour passer au-dessous de la terrasse du **Casino** (entrée, 50 c.; 1 fr. les jours de bal) et devant l'*établissement des bains de mer*, construction en bois de style mauresque (grève de galets précédant le sable).

Au delà de l'établissement des bains, on atteint le quai de l'*Ancien-Arsenal*, en bordure de l'avant-port. En suivant ce quai, à dr., on se rend à l'extrémité de la *jetée de l'Est* d'où l'on a une vue d'ensemble de la *rade de Cherbourg* (7 kil. de long, entre la pointe

de Querqueville et l'île Peléo; superficie : 1.500 hect.), protégée au large par une digue de 3.606 m., hérissée de forts et de batteries.
Le quai de l'Ancien-Arsenal, à g., ramène au pont tournant qui sépare l'avant-port du bassin à flot.

Itinéraire de l'après-midi (environ 4 h. 1/2). — La rue du *Bassin*, vis-à-vis le *pont tournant*, mène vers le centre de la ville, en passant devant la place du *Château*, qui est bordée au S. par le **Théâtre**, le principal monument de Cherbourg.

Derrière le théâtre, entouré, en arrière et sur les côtés, par de grandes *halles*, s'étend la place *Divette*, vaste quadrilatère planté de deux maigres rangées d'arbres.

La rue du Bassin se prolonge par la rue *Gambetta*, au milieu de laquelle s'ouvre à dr. la rue de la *Fontaine* qu'il faut prendre.

Un peu plus haut, dans la rue Gambetta, la rue de l'*Alma*, à g., puis la rue *Sainte-Honorine*, à dr., conduisent à la place et à l'**église de Notre-Dame du Vœu**.

La rue de la Fontaine va déboucher sur la place du même nom décorée d'une *horloge* à plusieurs cadrans. Sur cette place, tourner, d'abord à g., ensuite à dr. dans la rue *François-Laveille*. Celle-ci mène à la place de la *République*, devant un *obélisque* monolithe qui sert de fontaine, en avant d'un kiosque de concerts. A g. de la place de la République commence la rue de la *Paix*, à l'angle de l'*Hôtel de Ville*. Dans l'Hôtel de Ville se trouve le **Musée** dont l'entrée, sous un petit péristyle, est sur la place (public le dimanche, de 10 h. à midi et de 2 h. à 5 h. ; tous les jours pour les étrangers).
Presque à l'extrémité de la rue de la Paix, la rue de l'*Union*, à g., aboutit à la rue de l'*Abbaye*, vis-à-vis du *Monument* des Soldats et Marins morts aux Colonies, et du *champ de manœuvres*.
En face du monument, au n° 9 de la rue de l'Abbaye, une porte donne accès au **parc Emmanuel-Liais** et au *Musée d'histoire naturelle* (ouvert les mêmes jours et aux mêmes heures que le musée de peinture). Dans le parc, planté d'arbres exotiques, on voit des *serres* remarquables et l'on peut monter sur une tour d'où la vue sur la rade est fort belle.
Plus loin, la rue de l'Abbaye atteint la *caserne* des équipages de la flotte, à g., tandis qu'à dr., une avenue conduit à la porte de l'**Arsenal**.
Après avoir franchi le fossé plein d'eau et les remparts qui défendent le port militaire, on arrive à la place *Bruat*, avant-cour de l'arsenal. Sur cette place, se dirigeant à g., on se rendra au bureau du sous-aide-major, où sont délivrées, dans l'après-midi, entre 1 h. 45 et 2 h. 45, les permissions de visiter l'arsenal, seulement accordées sur une pièce d'idendité. La visite de l'arsenal demande

environ 2 h. 1/2 à 3 h. Un marin, qui accompagne le visiteur, conduit faire voir le **Musée des modèles**, la **Salle d'armes**, les **bassins** et l'intérieur d'un *cuirassé*. Il n'est dû aucune rétribution ; toutefois il est d'usage d'offrir discrètement une gratification au gardien du musée des modèles, à celui de la salle d'armes, et au marin qui guide.

A la sortie de l'arsenal, traversant, en biais, à g., le terrain du champ de manœuvres, on arrivera presque au bord de la rade ; ici, passer devant le *sémaphore de Longlet* et gagner, par le quai, la vaste place *Napoléon*, au milieu de laquelle est érigée la statue équestre en bronze de *Napoléon Ier*. Un peu plus loin, s'élève a dr. l'**église de la Sainte-Trinité**.

Continuant par le quai de *Coligny*, le long du côté O. de l'avant-port, on rencontre l'énorme *buste* en bronze du colonel *Antoine de Bricqueville* avant d'atteindre le *pont tournant*. Devant soi, l'éperon rocheux de la montagne du Roule et la colline boisée d'Octeville forment un pittoresque fond de décor au bassin du Commerce

Excursion recommandée au départ de Cherbourg. — Les **îles d'Aurigny** et de **Guernesey**.

Service de bateaux à vapeur, de Cherbourg à l'île d'Aurigny, une fois par semaine, le mercredi ; prix : 6 sh. et 4 sh., ou 9 sh. et 7 sh., aller et retour. De Cherbourg à Guernesey, même jour de départ ; prix : 10 sh. et 7 sh., ou 15 sh. et 10 sh., aller et retour ; trajet en 5 à 6 h. avec escale à Aurigny.

Pour la visite des îles d'Aurigny et de Guernesey, *V.* pages 167 et 168.

Pour mémoire. — De **Cherbourg** aux **Pieux** (**21** kil. **200** m.), par Le Pont (**6.1**), Virandeville (**6.2**), Benoistville (**6.1**) et Les Pieux (**2.8** — *V.* page 162).

De **Cherbourg** à **La Haye-du-Puits** (**48** kil. **800** m.), par Le Pont (**6.1**), Martinvast (**2** — Magnifique château), Breuville (**6.7**), Rauville-la-Bigot (**2.3**), Quettetot (**3.6**), Boullet (**3**), **Bricquebec** (**0.5** — Ch.-l. de c. — 2.778 hab. — Hôt. du *Vieux-Château* — A voir : le Château, l'Eglise, la Promenade), Le Valhue (**2**), Le Hequet (**7.5**), **Saint-Sauveur-le-Vicomte** (**1** — Ch.-l. de c. — 2.525 hab. — Hôt. des *Voyageurs* — A voir : le Vieux Château), La Sensurière (**4**), La Sangsurière (**1.2**), Les Rouland (**2.4**), Neufmesnil (**1**) et La Haye-du-Puits (**2.5** — *V.* page 171).

DE CARENTAN A CHERBOURG

Par Saint-Côme-du-Mont, Sainte-Mère-Eglise, Montebourg, Valognes et Le Mont-à-la-Quesne.

Distance : **50** kil. **300** m. *Côtes :* **1** h. **13** min. *Pavé :* **15** min.

Nota. — Cet itinéraire, qui suit le tracé de la route nationale, est agréable jusqu'à Valognes ; ensuite il devient très dur entre Valognes et Cherbourg. Cette dernière partie du trajet offre une succession ininterrompue de côtes, plus ou moins longues, terminée par une descente dangereuse en arrivant à Cherbourg.

De Carentan à Cherbourg, par Saint-Vaast-la-Hougue, *V.* les itinéraires des pages 141 et 147.

De Carentan à l'embranchement du ch. de Sainte-Marie-du-Mont (**3.6** — Côte : 3' — Pavé : 2'), *V.* page 144.

La r. nationale de Cherbourg, laissant à dr. le ch. de Sainte-Marie-du-Mont, continue à s'élever (4'), pour atteindre Saint-Côme-du-Mont (**1.2**), village entouré de prairies qu'encadrent des haies d'aubépine fournies d'arbres. Le sol, ondulé, présente plusieurs descentes et montées sans importance ; à g., apparait le joli *château du Vivier.*

Une plus forte côte (7') précède Blosville (**4**) et une autre montée (5') conduit au hameau de Fauville (**3.3**), situé à un kil. du gros village de **Sainte-Mère-Eglise** (**1** — Ch.-l. de c. — 1.295 hab. — Hôt. *Auvray*), au milieu de beaux pâturages.

A la sortie de cette localité, on gravit une petite côte (3') du sommet de laquelle on aperçoit le long ruban de la r., qui se déploie en ligne droite sur une longueur de près de dix kil.

Après Neuville-du-Plain (**2.6**), on franchit un bras du *Merderet*, puis l'on s'élève doucement pendant huit cents m. ; à l'agréable descente qui succède, remarquer le clocher pyramidal de Montebourg qui, encore lointain, jalonne exactement l'axe de la r.

On accède par une rampe (5') à la place du *Marché* dans **Montebourg** (**7.3** — Ch.-l. de c. — 2.175 hab. — Hôt. du *Nord*), localité sur le penchant de la butte du *Mont-Castre*.

La r. traverse le passage à niveau de la *ligne de Carentan à Barfleur*, puis s'élève encore légèrement pendant un kil. : elle descend ensuite, sauf une côte de trois cents m. (3') et deux courtes montées (2' et 2'), jusqu'à **Valognes** (**7.3** — Ch.-l. d'arr. — 5.953 hab. — Hôt. du *Louvre* — Eglise intéressante ; anciens hôtels du XVIIe s. : ruines dites du Vieux Château).

On pénètre dans cette petite sous-préfecture par la rue des *Religieuses* (Pavé : 3'). Après la place *Vicq-d'Azir*, laissant l'église à g., on gravit la rue du *Château* (Montée : 2'), aboutissant à la place du même nom, plantée de deux belles rangées d'ormes.

Pour mémoire. — De **Valognes** à **Quettehou** (*V.* page 146), **16** kil.

De **Valognes** à **Carteret** (**20** kil. **900** m.), par Nègreville (**6.2**). Le Pont-Durand (**2**), Le Foyer (**1.7**), **Bricquebec** (**3** — *V.* page 152) et Carteret (**17** — *V.* page 163).

De **Valognes** à **Portbail** (**30** kil.), par Lieusaint (**4**), Colomby (**2.5**), La Lorge (**4.8**), Le Mont-de-la-Place (**3**), **Saint-Sauveur-le-Vicomte** (**1** — *V.* page 152), Saint-Lô-d'Ourville (**12.8**) et Portbail (**1.9** — *V.* page 169).

De **Valognes** à **La Haye-du-Puits** (**26** kil. **400** m.), par **Saint-Sauveur-le-Vicomte** (**15.3** — *V.* ci-dessus) et La Haye-du-Puits (**11.1** — *V.* page 171).

Dépassé Valognes, la r. de Cherbourg, très fatigante, ne cesse de monter ou de descendre. Après le passage à niveau du ch. de fer, se présente une première côte, longue d'un kil. (10'), suivie d'une descente plongeante vers le hameau du Pont-de-la-Vieille (**3.3**), où l'on franchit le ruisseau de *Gloire*.

Deux montées très raides (4' et 5') conduisent ensuite jusqu'à hauteur de l'*église Saint-Joseph* (**1.5**) d'où la vue, en arrière, embrasse tout le pays parcouru.

On descend rapidement dans une large vallée boisée ; puis deux côtes, la première de six cents m. (7'), la seconde d'un kil (12'), gravissent la haute colline du Mont-à-la-Quesne dominant une région montagneuse.

Les hameaux du Mont-à-la-Quesne (**3.3**) et de Delasse (**2**) sont séparés par un profond pli de terrain occasionnant tour à tour une descente et une côte (15'), chacune longue d'un kil.

Après Delasse, la r. présente encore trois côtes (5', 3' et 6'), ensuite deux montées, plus douces, de trois cents m., pour atteindre une *briqueterie* (**5.3**).

De ce point, commence une descente fort rapide, de deux kil. et demi, rendue dangereuse à cause de trois coudes brusques. Passant au-dessous du *fort du Roule*, on surplombe la gorge pittoresque de Quincampoix où coule la *Divette*, au pied de la *montagne d'Octeville*, à g., que couronnent également des forts qui commandent **Cherbourg** (*V*. page 149).

Près d'arriver au bas de la côte, on entre en ville par la rue *Lucet*, en laissant à g., à hauteur du *bureau de l'octroi* (**2.8**), la rue de *Quincampoix* début du ch. de Martinvast (*V*. page 152).

Après le passage à niveau d'une *ligne stratégique*, reliant les forts, la belle avenue *Carnot*, ombragée d'ormes (Pavé : 7'), longe la Divette, à g., et passe devant le *Jardin public*, à dr. (à l'angle du jardin, dans la rue *Ludé*, à dr., s'ouvrent la r. et le sentier qui montent au *fort du Roule*, *V*. page 150).

Un peu plus loin, parvenu à hauteur du n° 103, on abandonnera l'avenue Carnot pour tourner à g. sur l'avenue *François-Millet*, au S. du *canal de retenue des eaux de la Divette*; de l'autre côté du canal, prenant à dr. l'avenue *Reibell* on arrivera à l'extrémité N. du canal, vis-à-vis le *pont tournant* qui sépare l'avant-port du bassin du Commerce

Ayant traversé le pont à g. (Pavé : 3'), on trouve : à g., à cent m., l'hôtel de l'*Amirauté*, situé au n° 16 du quai *Alexandre III*; ou bien, en face du pont, dans la rue du *Bassin*, l'hôtel de *France*, situé également à cent m., à dr., au n° 41 (**1.8** — Café du *Grand-Balcon*).

Nota. — Pour la visite de la ville de Cherbourg, *V*. page 150.

DE CHERBOURG A BEAUMONT

Par Equeurdreville, Querqueville, La Rivière, Urville-Hague, Landemer, Gréville, Omonville-la-Rogue, Port-des-Vaux, Danneville, Auderville et Jobourg.

Distance : **38** kil. **500** m. *Côtes :* **2** h. **10** min.
Pavé : **18** min.

Nota. — Cet itinéraire de Cherbourg à Beaumont, plus intéressant que celui par la route directe (*V.* page 157), fait connaître la région de La Hague, l'extrême pointe N.-O. de la presqu'île du Cotentin. Malheureusement, sauf à Landemer, les principales localités, situées sur le parcours, ne possèdent que des auberges trop dépourvues de ressources.

La sortie de Cherbourg est désagréable jusqu'au delà d'Equeurdreville. Parcours très accidenté depuis Querqueville. Montée presque continuelle entre Auderville et Jobourg; on descend ensuite jusqu'à Beaumont.

Cette étape est relativement courte pour permettre de visiter les falaises de Jobourg.

Partant du *pont tournant*, on suivra le quai de *Caligny*, à dr., pendant cent m. (Pavé : 10'), puis on prendra à g. la rue du *Port*, qui, après la place de la *Révolution*, se continue par la rue de la *Tour-Carrée*. De l'autre côté de la place de la *République*, la rue de la *Paix*, ensuite la rue de l'*Union*, à g., conduisent à l'entrée de la rue de l'*Abbaye*, à l'angle du *Monument* des Soldats et Marins morts aux Colonies.

On pourrait également continuer le quai de Caligny (Pavé : 4') jusqu'à son extrémité, pour tourner ensuite à g. sur la longue place *Napoléon*, qui forme le prolongement du quai. Après le *sémaphore de Longlet*, la rue de *Longlet*, à g., ramène à la rue de l'*Abbaye*, à l'angle du Monument. Cet itinéraire, en partie macadamisé, allonge de deux cents m., mais évite, en partie, la traversée des rues pavées.

Au delà du Monument, la rue de l'Abbaye (Pavé : 6') passe entre la *caserne* des équipages de la flotte et l'*Arsenal*, puis, plus loin devant l'*hôpital* de la marine.

La r., légèrement montante, traverse ensuite Equeurdreville (**1.8** — Pavé 2'), localité ouvrière touchant Cherbourg, par les rues *Gambetta* et de la *Paix*; de temps en temps on aperçoit la *rade*, puis l'*anse Sainte-Anne*, à dr. Au hameau de la Mer (**3**), négligeant à g. la r. directe de Beaumont, continuer à dr.

La r. directe de Beaumont, peu accidentée, traverse le ruisseau de *Rouland* (**1.3**), puis, laissant sur la g. les villages de Hainneville et de Tonneville, remonte la rive g. du ruisseau de *Lucas*.

Dépassé le petit *bois de Bigard*, on voit encore, sur la g., Sainte-Croix-Hague (**6**); ensuite la r., très droite, parcourt de vastes landes d'où l'on découvre par intervalles de belles vues. A dr. (**2.2**), village de Branville; à g. (**0.7**), ch. de Vasteville. La r. tourne à g. pour entrer dans le village de Beaumont (**2.8** — *V.* page 159).

Dépassé le hameau de la Mer, la r., agréable, devient accidentée. Après le terminus de la ligne du tramway, on contourne les *baraquements de l'Artillerie* et on laisse à dr. (**1**) le ch. du *polygone de Querqueville*.

Montée (6') au village de Querqueville (**0.5**), situé au pied du *sémaphore* et de l'église, puis descente, pour traverser le ruisseau des *Castelets*, au hameau de La Rivière (**1.3**), d'où se détache à g. le ch. qui conduit au *château de Nacqueville* (1), beau domaine du XVIe s., dans un étroit vallon verdoyant. Après une côte (4'), on domine la mer, que sépare seulement une bande de prairies, et l'on passe à Urville-Hague (**2.2** — Hôt. *Lohier*), village aux maisonnettes fleuries, possédant aussi quelques chalets, à l'orée du joli vallon de la *Biale*, devant une belle grève.

Au delà d'Urville, une montée (3'); à g., *ferme de Dur-Ecu*, ancien manoir. La r. atteint **Landemer** (**1.5** — Hôt. *Millet*), hameau et groupe de villas, dans le creux d'un pittoresque ravin, qui composent une petite station balnéaire, devant une superbe plage de sable fin de plus de trois kil. de longueur.

La r., qui monte (5', 20' et 3'), contourne le ravin, où coule le ruisseau du *Hubilland*, et passe devant l'hôtel *Millet*, admirablement situé au pied de la corniche sur laquelle on s'élève, en découvrant la grève de Landemer et les dentelures verdoyantes de la falaise. Plus haut, la r. s'éloigne de la mer, descend au hameau de

Gouets (**1.7**), puis monte (15') au village de Gréville (**1.6**), où a été érigée, près de l'église, la statue du peintre *Millet*.

Après avoir laissé à g. (**1.3**) le ch. de Beaumont (2.5), par la *lande de Saint-Nazaire*, une rapide et longue descente conduit dans le *Val-Ferrand*, vallon agreste, planté de fougères, arrosé par la *Sabine*.

Trois cents m. environ au delà du pont sur cette rivière, on remarquera, à g. du ch., les traces d'un *rempart* de terre, haut de 4 à 5 m. au-dessus du sol, avec fossé, connu sous le nom de **Hague-Dicke**. Ce retranchement, qui autrefois barrait la presqu'île de La Hague dans toute sa largeur, date croit-on de l'époque des premières invasions des Normands et aurait servi à protéger leur embarquement en cas de retraite.

La r. gravit (10') le versant du *Mont-Pali*, puis croise (**1.6**) le ch. d'Eculleville (1.5) à Beaumont (2); on descend ensuite longuement un ravissant vallon boisé au débouché duquel apparaissent la mer et le petit village d'Omonville-la-Rogue (**3.8** — Hôt.-rest. *Delamer*; *Vérité*).

Devant le restaurant Delamer, le ch. d'Auderville, qu'on doit suivre, continue à g. En suivant la r. devant soi, on atteint Le Hâble (**0.6**), petit port de pêcheurs, très profond, abrité par des rochers du côté de terre et par un môle du côté de l'océan.

Tournant à g., sur le ch. d'Auderville, on passe devant le restaurant Delamer et l'on traverse un ruisselet. Le ch., d'abord à dr., ensuite à g., attaque une côte très dure (5') pour franchir la falaise de la *pointe de Jardeheu*, d'où l'on descend rapidement vers la belle *anse Saint-Martin*, qui laisse émerger à marée basse des roches aux formes étranges.

Au delà du hameau des Asselins (**1.5**), le ch. vient côtoyer la partie O. de l'anse; puis, gagnant l'extrémité de la grève, monte (1'), ensuite descend près du minuscule *port* du Pont-des-Vaux, ou port Racine (**2.6**).

Une nouvelle *côte*, très raide (15'), ramène sur le plateau mouvementé de Danneville (**1.1**), le gros de ce village restant sur la g. Dépassé un moulin en ruines, une montée (2'); plus loin, vis-à-vis l'église isolée de Saint-Germain-des-Vaux, ancienne *chapelle Sainte-Pernelle*, le ch., tournant à g., ondule fortement (Raidillons : 2', 2' et 2') et virevolte en tous sens dans Bel-aux-Martins (**1**), localité toute voisine du village d'Auderville (**1.3**), où l'on débouche sur une large r. transversale.

Le territoire d'Auderville, qui forme l'extrémité N-O. de la presqu'île du Cotentin, comprend le **cap de la Hague**, cette pointe de terre basse s'avançant dans la mer, qu'on aperçoit du haut du plateau. En descendant la r. à dr., puis en prenant, à cinq cents m. d'Auderville. le premier ch. à g. (**0.5**), on gagne le petit port de refuge de Goury (**1**), voisin du dangereux *passage de la Déroute*, très redouté des marins. De Goury, on distingue le *phare de la Hague*, construit sur le rocher du *Gros-du-Raz*, à un kil. de la côte, et, dans le lointain, l'*île d'Aurigny* (*V.* page 168).

Dans Auderville, la r. de Beaumont, à g., passe au pied de l'église, puis, hors de la localité, ne cesse de monter plus ou moins durement (Côtes : 8', 15', 2' et 7') : elle traverse de vastes landes, au delà desquelles apparait la mer qui baigne la presqu'île de chaque côté. On atteint Jobourg (**1**), village perdu au milieu des bruyères et des ajoncs.

Cinq cents m. après Jobourg, devant une *croix* en granit (**0.5**), se détache à g. le ch. du *sémaphore* de Jobourg.

Ce ch. conduit au hameau de Dannery (**1.5**) d'où l'on peut atteindre le *sémaphore*, bâtisse blanche située sur les Hautes-Falaises (**2**), à l'extrémité d'un ancien camp romain (panorama immense de toute beauté).

Au sémaphore, on pourra demander un guide pour descendre au rivage et visiter les belles **falaises de Jobourg**, qui forment le cap appelé *Nez de Jobourg*. Ces falaises, creusées de nombreuses grottes ou cavernes, présentent un gigantesque enchevêtrement de précipices et d'abîmes, très intéressant à parcourir, si l'on n'est pas sujet au vertige.

A partir de Jobourg, la r. s'aplanit, puis descend entre des haies ; elle longe un petit bois et dépasse, à g., l'une des extrémités du *Hague-Diche* (*V.* page 158), tandis qu'un peu plus bas, à dr., une avenue précède le *château de Beaumont*, entouré de futaies.

Près de l'église, la r. tourne à g. dans le village banal de **Beaumont** (Ch.-l. de c. — 606 hab.), composé d'une seule rue ; à l'angle de cette rue, à g., se trouve l'unique hôtel-auberge *Lemarinel-Mesnil* (**1.9**).

DE BEAUMONT AUX PIEUX

Par Vasteville, Helleville, La Petite-Siouville, Diélette et Flamanville.

Distance : **30** kil. **500** m. *Côtes :* **1** h. **21** min.

Nota. — Route assez accidentée; nombreuses montées et descentes. Étape courte permettant la visite des falaises de Flamanville.

Ayant traversé le village de Beaumont, on prend à dr. (**0.3**) la r. de Cherbourg, en laissant à g. le ch. d'Omonville-la-Rogue (5).

La r. de Cherbourg s'allonge toute droite au milieu de landages et de terrains stériles. A g., se détache (**1.5**) le ch. de Gréville (3); une côte (3'). Un kil. plus loin, on quitte (**1**) la r. de Cherbourg (14.5) pour prendre à dr. celle des Pieux.

On domine à présent, à dr., de grandes croupes, sauvages, couvertes de landes, séparant de profonds vallons incultes; puis la r., après deux courtes montées (2' et 2'), commence à descendre rapidement. Elle croise (**3.3**) le ch. de Biville (2.5) à Cherbourg (15.5) et, plus bas, au hameau de Feunot (**1.3**), dépasse encore à dr. un autre ch. vers Biville (2.1 — *L'église*, lieu de pèlerinage, très fréquenté, possède les reliques et le tombeau du *B. Thomas Helve*, aumônier de Saint-Louis). Au-dessus des vallonnements, à présent plus cultivés, la mer barre l'horizon, vers l'O.

Après avoir traversé la vallée agreste du ruisseau de *Claire-Fontaine*, au pont du *moulin Frappier*, la r. gravit (8' et 2') le versant opposé, pour gagner le village de Vasteville (**2.9**). Une côte (3') précède le croisement du ch. d'Héauville (2.5) à Cherbourg (13); ensuite fortes ondulations. La r., bordée de pâturages, clos de haies, descend dans le petit val du hameau d'Herquetot; elle remonte ensuite longuement (15'), descend encore, et atteint le carrefour d'Helleville (**5**), où s'élève à g. un beau *calvaire* avec statues en bronze de grandeur naturelle.

Ici, abandonnant la r. directe des Pieux (6.2), on tournera sur le ch. de Diélette, à dr., qui longe l'église d'Helleville, avant de traverser un étroit vallon boisé (Côte : 4').

On descend à La Petite-Siouville (**3**); ensuite, après une montée (7'), commence la plus longue descente du parcours. Le ch. passe au-dessous de Siouville et de son église blanche, à tour carrée, qui dominent une belle plage de sable, puis, tournant brusquement à g., dévalle du haut de la falaise pour gagner Diélette, village et port d'abri situés à l'embouchure de la petite rivière de ce nom.

Parvenu aux premières maisons de la localité, on trouve un carrefour : la r. de g. conduit directement aux Pieux (6); tandis qu'à dr., deux autres r. se présentent. La r. inférieure mène vers le *port*, et la r. supérieure est celle des Pieux, par Flamanville, qu'on rejoindra un peu plus loin.

Suivant à dr. la r. inférieure, on passera, presque aussitôt, entre l'hôtel des *Voyageurs*, à g., et le port profond et solitaire de Diélette, à dr. Ce port, protégé par deux longues jetées (**3.6**), fait face à l'hémicycle grandiose de l'*anse de Vauville*, terminé au N. par les falaises et le Nez de Jobourg.

C'est à l'hôtel des Voyageurs qu'on pourra laisser sa machine en garde si l'on désire aller visiter les superbes **falaises de Flamanville**, comprises entre le port de Diélette, au N., et la plage de Sciotot, au S., sur une étendue de dix-huit kil. environ. Généralement on se contente de se rendre au *Trou-Baligan*, une des plus importantes cavernes qui s'ouvrent dans ces curieuses falaises, situées à deux kil. du port. Quelques m. au delà de l'hôtel, la r. bifurque : en suivant la branche de dr., dite le ch. des douaniers, carrossable pendant seize cents m., le long du rivage, on atteint le bâtiment de l'exploitation de *mines* de fer (**1.6**), d'où un ch. conduit au Trou-Baligan (**0.3**). Toutefois, pour visiter les falaises ainsi que l'*anse de Biedal*, il est utile de se faire accompagner par une personne du pays.

Dépassé l'hôtel, la r., qui se détache à g. du ch. des douaniers (*V.* ci-dessus), monte par deux lacets très durs (10') dans le haut de Diélette et va rejoindre, au-dessus de l'hôtel, la r. de Flamanville. Celle-ci, à dr., s'élève encore (5') sur le plateau de la falaise, entre des maisonnettes espacées, jusqu'au village de Flamanville (**2.5**); puis, descendante, se transforme en une belle avenue ombragée séparant le parc du *château de Flamanville*, à dr., d'un bois, à g., qui dépend du même domaine. On passe devant l'entrée du château (**0.4** — Le parc seulement est ouvert au public; s'adresser au garde).

La r. traverse plusieurs hameaux et monte progressivement (Côtes : 5', 3', 3', 2' et 10') au milieu des pâturages; elle domine à g. la large dépression de la vallée de la Diélette, ainsi qu'une vaste étendue du pays, vers le N.-E., puis atteint **Les Pieux** (Ch.-l. de c. — 1.319 hab.), commune située sur le faite d'une éminence.

On entre dans le bourg, propret et commerçant, par la place de l'*Hôtel-de-Ville*. A peu près au milieu de cette place, à dr., se trouve l'hôtel des *Voyageurs* (**5.7**), quelques m. au delà de la rue qui commence la r. de Barneville (*V.* l'itinéraire ci-dessous).

Pour mémoire. — Des **Pieux** à **Cherbourg**, *V.*, en sens inverse, page 152.

DES PIEUX A PORTBAIL

Par Les Moitiers-d'Allonne, Carteret, Barneville.

Distance : **27** kil. **200** m. *Côtes :* **35** min.

Nota. — Route modérément accidentée : sur le parcours, trois côtes, chacune longue d'un kil. environ et trois descentes très rapides.

La r. de Barneville s'ouvre vis-à-vis le portail de la cour de l'hôtel des *Voyageurs*. Elle débute par une descente rapide d'un kil. et demi pour traverser un petit vallon encaissé et verdoyant, près du *moulin Le But* (**1.5**); ensuite, presque constamment bordée de haies, elle remonte (15' et 5') sur un plateau légèrement ondulé. Dépassé le ch. de Cherbourg (24.5), à g. (**2.5**), on descend jusqu'au hameau de la Mare-du-Parc (**3**), où se détache à g. le ch. de Bricquebec (12); une montée (5'), suivie d'une descente douce.

A dr., la mer apparait à l'issue abaissée d'un vallonnement; légères ondulations, deux petites montées (2' et 2'). On passe au hameau de Saint-Paul (**2**), puis au carrefour du Becquet (**1**), où croise le ch. de Baubigny (1) à Bricquebec (14).

Une assez longue rampe (10') précède le hameau du Maudenaville (**2**) et une autre montée (4') fait atteindre Les Moitiers-d'Allonne (**1.5**). De ce village, on descend par une longue pente, très rapide, avec tournants brusques, jusqu'au carrefour Boudet (**2.5**), au croisement de la r. de Bricquebec (16) à Carteret.

Ici, abandonner momentanément la r. de Barneville, devant soi, et tourner à dr. dans la direction de Carteret.

Une jolie avenue de peupliers, sur laquelle se voient : à g., l'église et, à dr., la gare terminus de la *ligne de La Haye-du-Puits à Carteret*, mène à l'entrée de **Carteret** (520 hab.), petite station balnéaire, fréquentée mais simple, dans un site original formé par l'estuaire de la *Gerfleur*.

La r., inclinant d'abord à g., dépasse un lavoir, ensuite, à dr., gagne l'hôtel recommandé d'*Angleterre*, à g. (**1.6**), où l'on pourra s'arrêter pour déjeuner.

Carteret, qu'anime le passage des touristes qui vont visiter l'île de Jersey, via Gorey, peut aussi être considéré comme un agréable séjour de villégiature, offrant des promenades variées, soit sous de belles avenues, soit sur le versant de collines boisées.

Au delà de l'hôtel d'Angleterre, la r. bifurque : la branche de g. longe le havre, puis, laissant à g. (**0.7**) le ch. de la *jetée*, à l'entrée de laquelle se trouve l'embarcadère du bateau pour Gorey (*V.* page 161), double une première pointe de falaises granitiques exploitée. Un peu plus loin, les falaises, qui se continuent jusqu'au cap de La Hague, entourent la pittoresque grève, en hémicycle, où l'on prend les bains (**0.3**). Au S.-E. du havre de Carteret, un groupe de villas, posé sur une dune aride, signale la plage voisine de Barneville (*V.* page 169).

La branche de dr. s'élève à mi-côte et conduit au phare du *cap de Carteret* (**1.6**). De ce sommet, la vue est splendide sur la mer, les côtes et l'ile de Jersey. Derrière le cap, sur l'emplacement du Carteret primitif, au lieu dit la *vieille église*, on peut visiter, à marée basse, de curieuses cavernes percées dans la falaise.

Excursion recommandée au départ de Carteret. — Les iles anglaises de la Manche.

De **Carteret à Jersey**, service journalier de bateaux à vapeur entre Carteret et Gorey, du 20 mai au 15 octobre. Trajet en 1 h.20 min. Prix : 7 fr. 55 et 5 fr. 05, ou 11 fr. 25 et 7 fr. 50, aller et retour, valable un mois; transport gratuit des bicyclettes, qu'il faut avoir soin de faire plomber au bureau de la douane, voisin de l'embarcadère, avant de quitter Carteret. Les bateaux de Carteret à Gorey ne prennent pas les automobiles; celles-ci ne peuvent être embarquées que sur les bateaux qui font le service entre Granville et Jersey (*V.* page 179).

La monnaie française est reçue dans les hôtels et dans la plupart des magasins de l'île, elle l'est moins à la campagne; il sera donc préférable de se munir de la monnaie anglaise. Dans l'île, tous les hôteliers changent l'argent français contre de l'argent anglais; quand on quitte l'ile ils reprennent la monnaie anglaise et donnent de la française en échange. Presque partout on parle le français.

Jersey, la plus visitée des îles anglaises de la Manche, possède une population de 52.636 hab. et sa superficie est de 116 kil. carrés.

Le bateau accoste au môle du port, situé à cinq cents m. du village de **Gorey** (*Main's Elfine Hotel*; *Mont-Orgueil Hotel* — A voir : le château de Mont-Orgueil).

L'itinéraire circulaire ci-dessous permet de voir les parties côtières les plus intéressantes de l'île :

De Gorey à Saint-Hélier, en longeant les *baies de Grouville* et de *Saint-Clément*, par Ville-ès-Renaud (**2.3**), Grouville (**1**), Pontac (**2.5** — *Chalet-Hotel* — A voir : les jardins et le labyrinthe de Pontac), Samarès (**1.5**) et **Saint-Hélier** (**2.6** — Capitale de l'île de Jersey — 27.975 hab. — Hôtels *Continental*; du *Palais-de-Cristal*. Cafés aux hôtels).

VISITE DE LA VILLE DE SAINT-HÉLIER. — Devant les bassins du *port*, partant de la place de *Weighbridge* (*statue de la reine Victoria*), on suivra *Mulcaster-Street*, puis, à g., *Church-Street*, où se trouve **l'église paroissiale**, pour gagner la place *Royale*. Sur la place Royale (*statue du roi George II*), s'élève à dr. le palais de la **Cohue** qui renferme les tribunaux, les archives de l'île et la bibliothèque.

Une courte ruelle, à g., relie la place Royale à *King-Street*, une des principales artères de la ville; continuer à dr. par

Queen-Street, où s'ouvre à g. *Halkett-Place*, autre rue très animée. Remontant Halkett-Place, plus loin, on prendra à dr. *Beresford-Street* que prolonge *Peter-Street*. Au milieu de Peter-Street, *Hilary-Street*, à dr., aboutit à *La Motte-Street*. Cette dernière voie, à g., mène à l'entrée du parc du **collège Victoria**, situé sur une colline d'où la vue est de toute beauté.

Au delà du collège Victoria, *Saint-Saviour's Road*, continuation de La Motte-Street, conduit à la **maison Saint-Louis**, établissement des Jésuites, entourée d'un jardin dans lequel est édifié un *observatoire astronomique*.

Vis-à-vis la maison Saint-Louis, prendre à g. *Stopford-Road*. Parvenu au croisement de la rue appelée *David-Place*, suivre celle-ci à dr.; elle va déboucher dans la rue transversale de *Val-Plaisant*, en passant devant **l'église Saint-Marc**, à dr.

Tournant à g. dans Val-Plaisant, on rencontre **l'église Saint-Thomas** (catholique), à dr., puis, par *New-Street*, qui prolonge Val-Plaisant, on vient aboutir à *King-Street*.

Suivre King-Street, à dr., jusqu'au carrefour de *Charing-Cross*. De l'autre côté de ce carrefour, dans *York-Street*, s'élève **l'Hôtel de Ville** (musée de peinture), situé à g. à l'angle de *Seale-Street*.

Continuant devant soi, on traverse la vaste place de la *Parade* (*statue du général Don*) pour gagner, à l'extrémité de la place, par *Cheapside*, l'entrée de la promenade de **People's Park** (belvédère d'où la vue est splendide). De cette promenade, des sentiers, à g., descendent à la route de Saint-Aubin et à la plage (bains de mer), vis-à-vis la *gare de West-Park*.

De la plage, une *chaussée* pavée, découverte à marée basse, conduit au **château Elisabeth** (pour visiter, s'adresser au bureau du Gouvernement), forteresse entourée par la mer, lorsque la mer est haute.

A dr. de la gare de West-Park, l'avenue *Victoria* offre une superbe promenade, longue d'un kil., qui s'étend jusqu'à la *Première-Tour*.

A g. de la gare de West-Park, l'*Esplanade* ramène vers la ville; toutefois, dans cette direction, il sera préférable de côtoyer la baie par le prolongement de la *jetée Albert*, à dr. de la ligne du ch. de fer.

Revenu à la place de *Weighbridge*, on prendra à dr., au delà des deux bassins du port, le quai des *Marchands*, puis le quai *Victoria*, en bordure du *vieux bassin*. Les quais conduisent à l'*obélisque Harvey*, devant lequel une rampe, à g., permet de passer plus loin sous les murailles du *fort Régent*, pour regagner ensuite le rivage de la mer.

En suivant à g. la *promenade de la Collette*, continuée par le *Havre-des-Pas* (bains de mer), on atteindra, en longeant la plage vers l'E., *Marine Terrace*, modeste habitation où résida Victor Hugo au début de son exil.

EXCURSION AU DÉPART DE SAINT-HÉLIER. — De Saint-Hélier à la Tour du Prince, par Saint-Sauveur (**2.2**), Five-Oaks (**0.8** — A voir : les Caves troglodytes; entrée, 1 fr. 25) et la Tour du Prince (**1.5** — Café-rest. *Wickers*), tour ronde, plantée sur une éminence, au milieu d'un petit parc d'où on découvre une vue étendue (entrée : 60 c.).

De Saint-Hélier à La Corbière, en longeant les *baies de Saint-Aubin* et de *Saint-Brelade*, par Ville-ès-Nouaux (**2**). Millebrook (**1**), la villa de Bel-Royal (**0.5**), Beaumont (**1**), **Saint-Aubin** (**1.5** — Ancienne capitale de Jersey — *Terminus Hôtel* — A voir : l'Eglise, le Port, le manoir de Noirmont), **Saint-Brelade** (**3** — *Saint-Brelade's Hotel* — A voir : l'Eglise, la chapelle des Pêcheurs; bains de mer) et La Corbière (**3** — *Corbière Hotel* — A voir : le Phare, avec permission demandée au bureau du Connétable de Saint-Hélier; les grottes des Pirates et des Fraudeurs, avec billets délivrés à l'hôtel), promontoire situé à l'extrémité S.-O. de l'île, devant un magnifique chaos de rochers et de récifs.

De La Corbière, pour se rendre à Plémont, la pointe la plus avancée sur la côte N.-O. de l'île, on a le choix entre deux itinéraires : le premier ramène en arrière, seulement jusqu'à Saint-Aubin (**6** — *V.* ci-dessus), où se détache à g. le ch. qui passe par Saint-Pierre (**3.5**), le carrefour de la Croix-au-Lion (**0.7**), le manoir de Saint-Ouen (**1.1**), Puits-Léoville (**1.5**), Vinchelez-de-Haut (**1.3**), Portinfer (**0.7**) et **Plémont** (**0.7** — Hôtel de *Plémont* — A voir : les Grottes, la grève au Lançon).

Le second itinéraire regagne, au delà de Saint-Aubin, la villa de Bel-Royal (**8.5** — *V.* ci-dessus), où l'on prend à g. le ch. qui, remontant la *vallée de Saint-Pierre*, réputée pour ses gracieux paysages, va rejoindre au carrefour de la Croix-au-Lion (**4.3** — *V.* ci-dessus) la r. de Saint-Aubin à Plémont (**5.6**).

Entre le manoir de Saint-Ouen et le hameau de Puits-Léoville (*V.* ci-dessus), se détache à g. le ch. conduisant au hameau de l'Etac (**3.6**). De l'Etac, on embrasse la vue de toute la côte O., la moins intéressante de l'île, formée de grandes plages de sable qui bordent la *baie de Saint-Ouen*, longue de neuf kil., entre les rochers de l'Etac, au N. et les rochers de La Corbière, au S.

De Plémont, on remonte au hameau de Puits-Léoville (**2.7** — *V.* ci-dessus) d'où un ch. descend à la **grève de Lecq** (**1** — *Pooley's Pavilion Hotel* — A voir : les Grottes, difficiles d'accès).

De la grève de Lecq, continuant l'excursion sur le versant N. de l'île, on gagnera **Sainte-Marie** (**2.5** — *Saint-Mary's Hotel*), puis **Saint-Jean** (**3** — *Great-Eastern Hotel* — A voir : les Grottes).

Entre Sainte-Marie et Saint-Jean, s'ouvre a g. le ch. qui mène au *Trou du Diable* (**2**), énorme entonnoir naturel, entouré de roches éboulées, au fond duquel se trouve une vaste galerie, creusée dans la falaise, qui traverse entièrement le promontoire.

De Saint-Jean, la r., par les carrières du Mont-Mado (**1.5** — A voir : les grottes du Loup et le Bain de Vénus, situés au-dessus de la *baie de Bonne-Nuit*), Hautes-Croix (**1.5**), **La Trinité** (**2** — *British Hotel* — A voir : la *baie de Bouley*, à 2 kil.), conduit à **Rozel** (**3.5** — *Royal Hotel* — A voir : le monument mégalithique du Couperon, à 1 kil.), petit port de pêche, situé sur la *baie de Rozel* à l'extrémité N.-E. de l'île.

De Rozel, on regagne Gorey par Ville-ès-Nouaux (**1.4** — A voir : le manoir de Rozel), **Saint-Martin** (**1.5** — *Quen's Hotel*), Ville-ès-Gaudins (**0.6** — A voir : la *baie de Sainte-Catherine*, à 1 kil.), Le Faldouet (**1.7** — A voir : le Dolmen) et **Gorey** (**0.5** — *V*. page 161).

De **Jersey** à **Guernesey**, service de bateaux à vapeur, tous les jours, excepté le dimanche, en été; le lundi, le mercredi et le vendredi, du 1er octobre au 31 mai (consulter les horaires). Trajet en 1 h. 30 min. Prix : 5 sh. et 3 sh. 6 d., ou 7 sh. 6 d. et 5 sh., aller et retour. En arrivant à Guernesey, les cyclistes doivent faire inscrire leur machine au bureau des Connétables où elle est munie d'une pancarte numérotée.

L'île de Guernesey (40.300 hab.), longue de 15 kil. environ, avec une largeur moyenne de 6 kil. 500 m. présente une superficie de 65 kil. carrés. Ses jolis paysages offrent beaucoup d'analogie avec ceux de Jersey.

Le bateau aborde l'île au port de **Saint-Pierre-Port** (Capitale de Guernesey — 18.200 hab. — *Channel Island's Hotel* — A voir : le fort George, le château Cornet, la Grande-Rue, les Arcades, l'Eglise paroissiale, le Musée de la bibliothèque Guille-Allès, Grange Road, le collège Elisabeth, les jardins de Candie, l'avenue Saint-Julien, la Cour Royale, la rue des Forges et Hauteville-House, demeure habitée par Victor Hugo pendant son exil).

EXCURSIONS CIRCULAIRES AU DÉPART DE SAINT-PIERRE-PORT. — 1° (**20** kil.), par Saint-Sampson (**4** — 5.573 hab. — A voir :

le château du Valle), Bordeaux (**1** — petit port), l'église du Valle (**2.5**), le promontoire des Grandes-Roques (**5**), la baie de Cobo (**1.5** — *Cobo Hotel*) et Saint-Pierre-Port (**6**).

2° (**27** kil.), par le carrefour de la Croix-au-Baillif (**2.5**), Saint-André (**2**), le moulin de Bas (**3**), la baie de Vazon (**2**), le fort Richmond (**1.5** — *Richemond Hotel*), la baie de Rocquaine (**4** — *Imperial Hotel Pavilion*), Saint-Pierre-du-Bois (**2**), l'église de La Foret (**3**), Saint-Martin (**4** — *Queen's Hotel*) et Saint-Pierre-Port (**3**).

De **Guernesey** à **Sercq**, service de bateaux à vapeur, tous les jours, excepté le dimanche, en été; le mercredi et le samedi, en hiver. Trajet en 1 h. Prix : 2 sh., ou 2 sh. 6 d., aller et retour.

L'île de Sercq (500 hab. — *Bel Air Hotel*; *Dixcart Hotel*), remarquable par sa superbe ceinture de falaises et de roches admirablement découpées, ne mesure que 5 kil. de longueur sur une largeur maxima de 2 kil. Elle est divisée en deux parties : le Grand-Sercq et le Petit-Sercq que relie un isthme étroit, appelé La Coupée, sur le faîte duquel court la r. principale.

Le bateau accoste à la jetée du Havre du Creux, au pied de parois granitiques et à pic.

De la jetée, un tunnel donne accès dans l'île où une r., qui passe devant le *Bel Air Hotel* (**0.8** — A voir : le Creux Derrible), conduit à l'église paroissiale (**0.4**), puis à la résidence de la Seigneurie (**0.5** — A voir : le port du Moulin, les grottes des Boutiques).

De la Seigneurie, on revient vers l'église (**0.5**) pour prendre la r. de La Coupée qu'on suivra jusqu'à l'extrémité du Petit-Sercq (**3**). Du Petit-Sercq, retour à la jetée du Havre du Creux (**4.2**) par le même ch.

De **Guernesey** à **Aurigny**, service de bateaux à vapeur, le mardi (retour le lendemain) et le samedi (retour le même jour ou le dimanche). Prix : 4 sh. et 3 sh., aller et retour. En été, excursion tous les jeudis avec retour le même soir, 3 sh., aller et retour.

L'île d'Aurigny (2.000 hab. — Hôt. *Bellevue*), longue de 6 kil. sur une largeur moyenne de 2 kil., plutôt dépourvue d'ombrage, occupe dans la Manche une position stratégique importante que l'Angleterre a formidablement fortifiée.

On débarque dans l'île au port de Braye d'où une r. conduit à Sainte-Anne (**1** — A voir : l'ancienne et la nouvelle église), la principale localité d'Aurigny. De Sainte-Anne, en se dirigeant vers le N.-E., on peut gagner la baie de Longy (**2.5** — A voir : le fort d'Essex); tandis qu'à l'O. de la ville, la belle r. du Grand-Val mène au Jiffoine (**2**) par la vallée des Trois-Vaux.

Pour mémoire. — De **Carteret** à **Valognes**, V., en sens inverse, page 151.

De Carteret, revenir au carrefour Boudet (**1.6** — V. page 163) et reprendre à dr. la r. de Barneville.

Cette r., jalonnée de peupliers, franchit la *Gerfleur*, puis s'élève (12') vers le riant village de **Barneville** (Ch.-l. de c. —872 hab.—Hôt. des *Voyageurs*), modeste station balnéaire, étagée sur le penchant d'une colline qui vient mourir à la mer.

Parvenu à la place de la *Mairie* (**1**), laissant à dr. le ch. de la plage, on continuera par la r. de Portbail, à dr. de l'*église*, flanquée d'une grosse tour carrée et à mâchicoulis.

Le ch. de la plage de Barneville descend traverser une petite baie, dépendante du havre de Carteret, et va gagner un groupe de villas situé devant une plage (**2** — Rest. de la *Plage*), très vaste, d'où l'on découvre à dr. une jolie vue sur Carteret et son cap.

La r. de Portbail, liserée de haies touffues, descend entre des vergers et des herbages. Dépassé les villages de Saint-Jean-de-Rivière (**2**) et de Saint-Georges-de-la-Rivière (**0.5**), on croise la voie ferrée, près d'une *chapelle* abandonnée, ensuite on atteint la bifurcation (**3.5**) du ch. de Bricquebec (17), à g.

A dr., une vaste étendue marécageuse, que baigne le ruisseau du *Havre* et que remplit la mer aux heures de marées, forme un paysage mélancolique, nu, encadré de dunes basses, environnant à l'E. l'estuaire de l'*Ollonde*.

En entrant dans **Portbail** (**1** — 1.556 hab.), petit port de cabotage, un peu déchu, on rencontre à dr. la curieuse *église fortifiée Notre-Dame*, dont le clocher-donjon, à mâchicoulis, peint en blanc, sert d'amer aux marins et porte un feu rouge la nuit.

Quelques m. plus loin, on tourne à g. sur la place du bourg, de belle apparence avec ses maisons peintes de diverses couleurs. A dr. de la place, se trouve l'hôtel des *Voyageurs*, simple mais bon.

Au S. de la place, un *pont* en pierre, de treize arches, franchit le large lit du ruisseau du *Havre*, en amont de sa jonction avec la rivière de l'Ollonde. Au delà du pont, une chaussée-digue conduit au *port* (**0.9** — Buvette), au pied d'un fanal.

A dr. du port, la chaussée se continue sur une langue de dune jusqu'à la Caillourie (**1** — Hôt. de la *Mer*), lieu où sont situées quelques rares villas auprès d'un petit *champ de courses* et d'une assez belle *plage*.

Pour mémoire. — De **Portbail** à **Valognes**, *V.*, en sens inverse, page 151.

DE PORTBAIL A COUTANCES

Par Saint-Lô-d'Ourville, Yons, Bolleville, La Haye-du-Puits, Lessay et Montsurvent.

Distance : **11** kil. **800** m. *Côtes :* **1** h. **13** min.
Pavé : **3** min.

Nota. — Route d'abord modérément ondulée; ensuite assez accidentée au delà de la lande de Lessay. Belle descente rapide en arrivant à Coutances.

Au delà de l'hôtel des *Voyageurs*, on longe une grande place plantée d'arbres, puis l'*église Saint-Martin*, à dr., et l'on sort de Portbail par la r. de Saint-Sauveur-le-Vicomte.

Après une montée (1'), étant arrivé à l'entrée et en vue du village de Saint-Lô-d'Ourville (**1.9**), on quittera la r. de Saint-Sauveur-le-Vicomte pour prendre à dr. le ch. de Denneville. Il descend franchir l'*Ollonde* au débouché d'une large vallée de prairies, s'évasant au S. vers le havre de Portbail. Deux cents m. au delà du pont, abandonnant (**0.5**) encore le ch. de Denneville, qui s'écarte à dr., on suivra celui de La Haye-du-Puits, à g.

Le ch. de Denneville gravit la colline, à dr., passe au hameau d'Avarville (**0.7**), puis à celui du Pont-aux-Œufs (**0.9**); ici, tournant à dr., il se dirige ensuite vers le village de Denneville (**0.7**). De Denneville, part un ch., à dr., qui traverse des dunes arides et conduit aux Mielles (**2.8** — Rest. de la *Plage*) où il existe, près d'un taillis de pins, une très modeste petite *station balnéaire* composée de quelques villas.

De Denneville (**2.8**), un ch. direct rejoint celui de La Haye-du-Puits, au carrefour de La Canurie (**2.1** — *V*. ci-dessous).

Le ch. de La Haye-du-Puits, à g., s'élève (3') sur le versant du coteau qui domine la vallée de l'Ollonde. On passe au pied des *ruines*, revêtues de lierre, de l'église isolée d'Homonville (**0.6**), tandis qu'à g., dans une dépression verdoyante, pointent les tourelles à poivrière du *château Dupré*. Plus loin, ayant négligé un premier ch. à dr., on arrive à une bifurcation aiguë; ici, continuer à dr. pour passer au hameau de Yons et atteindre, après une montée (2') et une descente, le carrefour de La Canurie (**1.9**), où vient rejoindre à dr. le ch. de Denneville (*V*. ci-dessus).

Tournant à g., deux cents m. plus loin, on arrive au carrefour de La Pellerine (**0.2**), où croise la r. de Barneville (11) à La Haye-du-Puits; suivre cette dernière à dr.

La r. de La Haye-du-Puits, ondulée (Côtes : 3', 2' et 4'), passe au hameau de La Forge-Vendamont (**1.3**) puis descend vers Bolleville (**0.7**), où se détache à dr. le ch. du Havre de Surville (7).

On entre dans le gros bourg, florissant, de **La Haye-du-Puits** (**2.9** — Ch.-l. de c. — 1.420 hab. — Hôt. du *Commerce*; *Champagne*) par la rue du *Pont*, qui aboutit sur la place de la *Mairie*, vis-à-vis une belle *église* moderne, à deux clochers symétriques.

A g. de la place de la Mairie, à deux cents m. dans la rue du *Château*, on voit : à dr., sur une éminence, les débris d'un donjon, couvert de lierre, qui appartenait à un *château fort* des vicomtes du Cotentin; à g., les restes d'un *château*, moins ancien, dont la grosse tour carrée, flanquée d'une tourelle, se confond avec des bâtiments plus modernes.

Pour mémoire. — De **La Haye-du-Puits** à **Cherbourg**, *V*., en sens inverse, page 152.

De **La Haye-du-Puits** à **Valognes**, *V*., en sens inverse, page 151.

De **La Haye-du-Puits** à **Carentan**, *V*., en sens inverse, page 121.

Continuant à dr. de l'église, on traverse la place commerçante du *Marché*, puis on sort du bourg par la rue du *Calvaire*. Sept cents m. plus loin, au carrefour de La Sorbière, se détache à dr. (**0.7**) un premier ch. vers Saint-Germain-sur-Ay (7.3 — *V.* ci-dessous).

La r. de Coutances, enserrée de haies, file toute droite (Côte : 5'); elle laisse à dr. (**3**) un second ch. vers Saint-Germain-sur-Ay.

Le ch. de Saint-Germain-sur-Ay passe à Angoville-sur-Ay (**1**) et conduit à Saint-Germain-sur-Ay (**4**), petit port de cabotage d'où une r., à travers les dunes, mène à une *plage* de sable (**4**).

Après quelques ondulations (Montées : 2' et 3'), dépassant à g. (**3.2**) un autre ch. venant de Saint-Germain-sur-Ay (5), on descend à **Lessay** (**1** — Ch.-l. de c. — 1.179 hab. — Hôt. de *Normandie* — Belle église romane, encadrée de magnifiques arbres, dans le jardin du château), bourgade située près de l'embouchure de la rivière de l'*Ay*, à la base de la presqu'île du Cotentin.

On laisse à dr. la place au fond de laquelle s'ouvre le ch. de Coutances, par Pirou, en serrant de plus près le littoral.

Le ch. de Pirou longe à dr. l'estuaire de l'Ay et va passer au curieux village de Créances (**3.7**), composé de petites maisons uniformes et habité par une population essentiellement maraichère ; il atteint ensuite Pirou (**2.5**), autre village laissé sur la dr. Plus loin, au hameau du Pont (**1.8**), tournant à dr., on arrive au croisement (**0.5**) du ch. de l'Eventard à La Barberie. On prendra ce ch. si l'on veut gagner le hameau de La Barberie (**1**), puis la magnifique *plage de Pirou* (**1.5**), où se trouvent quelques modestes chalets et un petit restaurant.

En croisant le ch. de l'Eventard à La Barberie (*V.* ci-dessus), et en continuant à l'E. par le ch. qui passe au hameau de La Lucasserie (**1**), ensuite aux villages d'Anneville (**4.2**), de Gouville (**2.5**) et de Blainville (**3.8**), on arriverait à **Coutainville** (**1.5**). De cette localité, un ch., à dr., conduit aux *bains de Coutainville* (**1** — Hôt. *Beau-Rivage*), agglomération pittoresque de maisonnettes aux toits de chaume, située sur une côte fort nue dont la plage est principalement fréquentée par les habitants du pays et les Coutançais.

De Coutainville (village), le ch., très accidenté, continuant par Agon (**1.5**) et Tourville (**2.5** — Berceau du maréchal de Tourville), aboutit à Coutances (**8.5** — *V.* page 173).

Pour mémoire. — De Lessay à Saint-Lô, *V.*, en sens inverse, page 142.

A la sortie de Lessay, après une courte montée (3'), ayant croisé (**0.7**) la r. de Saint-Lô (37) au Havre de Lessay (2), on aborde aussitôt la vaste *lande de Lessay*, traversée dans toute sa longueur par la r. de Coutances.

Sur cette lande, que rend célèbre la grande *foire*, dite *de Lessay*, qui s'y tient chaque année au mois de septembre, on rencontre le vallon du Hotot (**1.8** — Côte : 5') et, au delà du hameau du Buisson (**0.5**), le domaine du *château de la Lande* (**1.5**), dans un bois de pins, formant deux oasis cultivées au milieu de l'immense plaine stérile et déserte.

Plus loin, on coupe (**1.5**) le ch. d'Heugueville (1.5) à La Barberie (5.5), par l'Eventard (3 — *V.* page 172) ; tandis qu'à g. la lande déploie à perte de vue son mélancolique paysage.

Après un bois de pins chétifs, la r. dépasse le hameau du Bingard (**1.3**), sur la lisière du landage, puis monte (6') au croisement du ch. de Marigny (21) au Havre de Jeffosses (6). Descente, suivie d'une nouvelle côte (10'), pour gagner le village de Montsurvent (**2.2**), à l'intersection du ch. de Périers (10) au Havre de Tourville (11).

Deux rampes légères mènent au hameau de La Violette (**1.5**) et au Village-au-Pelley (**3**), où vient rejoindre à dr. le ch. d'Anneville (10). Le terrain s'accidente : une montée sensible (10') précède le Gros-Fresne (**1.5**), ensuite on descend traverser un vallon d'où l'on sort par une côte (4') ; celle-ci est suivie d'une longue descente rapide vers la vallée du ruisseau de *Bulsard*. En face, apparait **Coutances** (Ch.-l. de c. — 6.991 hab.), ville bâtie sur le sommet d'une colline qu'environne un charmant paysage.

On monte dans Coutances (10') par la rue de l'*Ecluse Chette*, qui, plus haut, ayant croisé le large b^d^ de l'*Ouest* (r. de Granville à Carentan), se prolonge par les étroites rues d'*Egypte* et *Saint-Nicolas* (Pavé : 3') Dans cette dernière, on trouve à dr. l'hôtel de *France*, à l'angle de la rue *Tourville* (2.1 — Café du *Grand-Balcon*).

Visite de la ville de Coutances (environ 1 h. 1/2). — Au delà de l'hôtel de *France*, la rue *Saint-Nicolas* passe devant une placette où s'élève **l'église Saint-Nicolas**, à g.

La rue des *Tournées*, ruelle tortueuse sur le flanc N. de l'église Saint-Nicolas, descend à la place *Le Brun*. Sur cette place, le *Palais de Justice*, une lourde et laide bâtisse, est encadré par la *Gendarmerie* et la *Sous-Préfecture* occupant deux autres bâtiments de même style. Derrière le Palais de Justice, un *square* ombragé domine le bas quartier de la ville.

La rue Saint-Nicolas se prolonge par la rue *Tancrède* aboutissant à la place du *Parvis Notre-Dame*, devant **la Cathédrale**, une des plus belles de France (fermée de midi à 2 h. ; le lundi de midi à 5 h. ; toutefois ce jour-là, quand les portes principales sont closes, on peut pénétrer, à 2 h., dans l'église par la petite porte latérale située à l'extrémité de l'impasse de l'*Evêché*, à dr. de la cathédrale. Ne pas manquer de monter sur la terrasse de la *tour* centrale pour le panorama des environs de Coutances ; s'adresser au sacristain, 1 fr. par personne pour un ou deux visiteurs, 50 c. par personne si l'on est davantage — Horloge avec *carillon*).

Au sortir de la cathédrale, la rue *Geoffroy-de-Montbray*, à g., conduit à **l'église Saint-Pierre**. De cette église, revenant sur ses pas, on trouve, presque aussitôt à g., la rue *Geoffroy-Herbert* (anciennes *maisons*) qu'il faut prendre. Celle-ci rejoint la rue *Quesnel-Morinière*, qu'on suit à dr. jusqu'à l'entrée du **Musée**, situé à g. au n° 2 (public le dimanche et le jeudi, de 10 h. à midi et de 2 h. à 5 h. ; les autres jours 1 fr.).

La cour du musée précède le **Jardin public**, ravissante promenade, décorée de beaux parterres, s'étageant au S. sur le versant de la colline qui domine la vallée.

Ressortant du jardin par la cour du musée, on traversera à g., en biais, la place du Parvis-Notre-Dame, sur laquelle s'élève l'*Hôtel de Ville*, à dr. A l'extrémité de la place, les rues Tancrède et Saint-Nicolas, à g., ramènent à l'hôtel.

Pour mémoire. — **De Coutances à Carentan**, *V.*, en sens inverse, page 121.

De **Coutances à Saint-Lô**, *V.*, en sens inverse, page 142.

DE COUTANCES A GRANVILLE

Par Hyenville, Quettreville, Muneville-sur-Mer et Bréhal.

Distance : **29** kil. *Côtes :* **1** h. **1** min.
Pavé : **1** min.

Nota. — Belle route, assez accidentée, traversant de nombreux vallons.

Au départ de l'hôtel de *France*, descendre à g. la rue *Tourville;* puis, à l'extrémité de cette rue, tourner encore à g. sur le beau boulevard ombragé qui descend, en contournant la ville, au-dessus de l'agreste vallon du ruisseau du *Bulsard*. A dr., se détache (**0.1**) le ch. d'Agon et de la plage de Coutainville (*V.* page 172).

Sur ce ch., subsistent à dr., dans le creux du vallon, vis-à-vis le faubourg des Piliers (**0.3**), cinq arcades, garnies de lierre, débris d'un ancien *aqueduc* datant du moyen âge.

Plus bas, le bd *Encoignard* laisse : à g. (**0.7**), le ch. de la gare (0.7), ensuite, à dr. (**0.2**), le ch. de Regnéville et de Montmartin-sur-Mer.

On pourrait gagner Bréhal (*V.* page 176) en passant par Montmartin-sur-Mer, qui possède une magnifique *plage* fréquentée par les Coutançais.

Le ch. de Montmartin franchit le Bulsard, puis, dépassé Bricqueville-la-Blouette (**2.2**), va traverser la *Sienne* au *pont de la Roque* (**2.6**), au confluent du *canal de Coutances*. Huit cents m. au delà du pont (**0.8**), le ch. bifurque : ici, abandonnant à dr. la direction de Regnéville (3.5), petit havre dont la grève est vaseuse, on continue à g. pour atteindre **Montmartin-sur-Mer** (**3** — Ch.-l. de c. — 1.027 hab. — Hôt. de la *Gare*). De cette localité part à dr. un ch. qui conduit à la *plage* (située a deux kil. huit cents m., du village), fort belle, mais où l'on ne trouve qu'une buvette et quelques maisonnettes.

Après Montmartin, le ch., très accidenté, passe en vue de Hauteville-sur-Mer (**1.5**), à dr., ensuite près de l'église d'Annoville (**1**); il laisse plus loin Lingreville (**2**), sur la g., puis atteint le carrefour de Bricqueville-sur-Mer (**4**) et Bréhal (**1.8** — *V.* ci-dessous).

La r. de Coutances, continuant à g., traverse le faubourg de Pont-de-Soulles à l'extrémité duquel on franchit la *Soulle,* en laissant à g. (**0.8**) le ch. de Gavray (17).

Une longue rampe de deux kil. (20'), d'où la vue est magnifique sur la ville de Coutances et la vallée, conduit au croisement (**2**) du ch. de Tessy-sur-Vire (32) au Pont-de-la-Roque (4); puis la r., à travers une région souriante, descend au hameau de la Lande-d'Orval (**0.3**), vers la vallée de la *Sienne.*

Une courte montée (2') précède le hameau des Fours-à-Chaux (**2.5**), dans le voisinage de carrières. On passe sous le ch. de fer avant de franchir la rivière au pont de Hyenville (**0.5**).

La r., négligeant à dr. le ch. de Montmartin (4.5), remonte à g. (2') la vallée de prairies; à dr., le petit *manoir de Quettreville* est enfoui dans une verdure qu'accentue un étang aux eaux encore plus vertes. Descente, puis montée (4'), se prolongeant, au delà de Quettreville (**3**), par une rampe assez longue (10'); on s'éloigne de la vallée de la Sienne.

Après Muneville-sur-Mer (**1.2**), la r., toujours très droite, franchit deux larges vals, dont les dépressions occasionnent deux descentes, suivies de côtes (10' et 5'), avant de descendre à **Bréhal** (**4.3** — Ch.-l. de c. — 1.299 hab. — Hôt. de la *Croix-d'Or*), bourg commerçant, situé à l'intersection de la r. de Bricqueville-sur-Mer (2) à Villebaudon (26.6).

Excursion recommandée au départ de Bréhal. — Les **ruines de l'abbaye d'Hambye** (**22** kil. **100** m. jusqu'à l'abbaye).

Itinéraire : On suit la r. de Villebaudon, qui se détache à g. de l'église de Bréhal, pour passer successivement aux villages de Cérences (**6** — Hôt. de *Londres*), de Langronne (**1.5**), de La Chapelle (**1.5**) et de Saint-Denis-Le-Gast (**2.3**). Après avoir laissé sur la dr. le bourg d'Hambye (**3.8**), un kil. plus loin, on atteint le hameau du Bourg (**1**), dépendance de la commune d'Hambye.

Ici, pour se rendre aux ruines de l'abbaye, on quitte la r. de Villebaudon et l'on s'engage à dr. sur le ch. de Sourdeval. Du Bourg à l'*abbaye d'Hambye* (**3**), *V.* page 141.

Au delà de Bréhal, la descente continue jusqu'à un ruisselet, ensuite on monte (10') à Coudeville (**2.2**). Successivement, on rencontre les hameaux des Delles (**1.8**) et des Chasses-de-Longueville (**0.5**); à g., de superbes avenues conduisent au *château*.

La r. s'avance sur une plaine-promontoire, d'où l'on découvre bientôt à dr. la mer, ainsi que le littoral de grèves basses du dép^t de la Manche, mollement étalées vers le N. De ce côté, se détache (**1.1**) le ch. de Bréville (1 — belle plage). Plus loin, au Calvaire-de-Donville (**0.7**), on laisse à g. le ch. de Longueville (1), puis, à dr. (**0.5**), celui qui conduit à la *plage de Donville* (1 — Hôt. de la *Plage;* café *Perrotte*), petite station balnéaire, annexe de celle de Granville.

La r., sous la forme d'une avenue, se borde de nombreuses maisons et villas; elle descend, puis monte légèrement. A g., dans le vallon encaissé du *Bosq*, on aperçoit une importante fabrique dont les laides cheminées gâtent le paysage.

Dépassé le long bâtiment d'une *corderie*, à dr. (**2.2**), la r. descend par de rapides lacets jusqu'à l'entrée proprement dite de **Granville** (**0.8** — Ch.-l. de c. — 11.667 hab. — Port maritime), agréable station balnéaire, dans une situation originale et pittoresque, au pied du promontoire abrupt appelé le *roc de Granville*.

Au bas de la côte, laissant à dr., à l'angle de l'hôtel des *Bains*, la brèche de la falaise qui précède la plage, on continuera devant soi par la rue des *Juifs* (Montée : 1') pendant cent m. Ensuite, prendre à g. la rue du *Pont* (Pavé : 4'). Cette dernière va passer entre la place plantée d'arbres du *cours Jonville*, à g., et la rue *Lecampion*, à dr., puis se prolonge par la rue *Couraye*, où se trouve situé le *Grand-Hôtel*, à g., au n° 15 (**0.3** — Cafés *Houssin*, de la *Ville*, rue *Lecampion*).

Visite de la ville de Granville (environ 2 h. 1/4). — Sortant du *Grand-Hôtel*, suivre à dr. la rue *Couraye*, puis la rue du *Pont*. Arrivé à hauteur de la place du *Cours Jonville*, à dr., prendre à g. la rue *Lecampion*, l'artère principale de la Ville Basse, qui aboutit à la place *Pléville*, devant le *port*, que domine la Ville Haute ceinte de murailles. Après avoir jeté un coup d'œil sur le port, revenir sur ses pas à la place du Cours Jonville et continuer à g. la rue du Pont.

La rue du Pont rejoint la rue des *Juifs*, qu'on monte à g. pour gagner la Ville Haute, en passant à présent au-dessus de la place Pléville (vue admirable sur le port, la baie du Mont-Saint-Michel et les côtes de Bretagne).

Plus loin, laissant à dr. une ancienne *porte fortifiée* à pont-levis, qui donne accès dans la cité, on continue à longer extérieurement les anciens remparts, confondus avec le rocher. Dépassé une poterne, on négligera momentanément la r. des voitures, qui, à l'angle de la grande *caserne du Roc*, tourne à dr. pour pénétrer dans la ville, et l'on se dirigera tout droit, au delà de la caserne, jusqu'auprès de la barrière de l'*Arsenal d'artillerie*.

Ici, prenant la rue à dr., ensuite la première à g., on atteindra l'esplanade du **Roc de Granville**, terminée par le *cap de Lihou* qui porte un *phare* (vaste panorama sur la pleine mer, les îles Chausey et les côtes blanchâtres de la Manche).

Revenir sur ses pas et, à l'angle de la caserne, suivre la r. à g. On entre presque aussitôt dans la Ville Haute, en passant sous l'arcade d'une ancienne porte. De l'autre côté de l'arcade, une petite rampe, à dr., mène à la place du *Parvis-Notre-Dame*, où s'élève l'église **Notre-Dame**, sur le point culminant du roc.

Derrière l'église, à l'angle N.-E. de la place (à dr., *chalet Le Guet*, merveilleusement planté à cheval sur le rempart), la rue *Notre-Dame*, à g., descend dans la vieille cité, d'une physionomie très spéciale, au croisement de la rue *Cambernon;* puis elle remonte pour passer devant le *Tribunal de Commerce*, tandis qu'à dr. et à g. de courtes rues latérales conduisent aux remparts du S. et du N. d'où l'on admire de superbes points de vue sur la mer.

La rue Notre-Dame aboutit, à l'extrémité E. du roc, devant un *redan*. Ici, tournant à dr., puis aussitôt à g., on traversera le fossé du rempart sur un pont en bois; ensuite, descendant le glacis, avec une vue magnifique sur la ville, à dr., et la plage, à g., on va franchir, au moyen d'une passerelle en fer, la *Tranchée-aux-Anglais*, brèche ouverte dans la falaise, entre la r. de Coutances et les bains.

Au pied de la passerelle, tourner à dr. sur la r. de Coutances, puis, à l'entrée de la rue des Juifs, passant sous la passerelle, à dr., on arrive aussitôt à la minuscule *plage* de Granville, crique délicieuse abritée par un entourage de rochers. A g., s'ouvre l'entrée du **Casino** (1 fr.); à dr. s'étend une courte terrasse-promenade dominant les bains.

En suivant vers l'E. la base de la falaise, à marée basse, on peut gagner en vingt-cinq min., à pied, la plage de Donville (*V.* page 177).

Devant la Tranchée-aux-Anglais, traversant la rue des *Juifs*, on tournera, d'abord à g., dans la rue qui fait l'angle de la r. de Coutances, puis, aussitôt à dr., dans la rue du *Cours Jonville*. Celle-ci conduit à la place du Cours Jonville, plantée d'arbres. Ici, traverser la place à g., dans toute sa longueur, en longeant à dr. la ligne des rails, qui relie la gare au port, et le ruisseau du *Bosq*, ce dernier utilisé comme lavoir.

On peut faire une jolie promenade dans le vallon du Bosq en prenant, à l'angle N.-E. de la place, la rue des *Moulins*, à dr. Remontant la rive dr. du ruisseau, on traverse un de ses bras, à g., vis-à-vis un passage à niveau. Le ch. passe ensuite au-dessous du grand bâtiment de l'*Hospice*, et, arrivé en vue d'une vaste fabrique d'engrais, rejoint une r. qui, à dr., franchit le Bosq et monte vers la gare de Granville. Au delà de la gare, on atteint le haut de la rue *Couraye*; cette dernière à dr. ramène en ville.

A l'extrémité de la place du Cours Jonville, on franchit le ruisseau à dr., et, par le b[d] d'*Hauteserre*, on gagnera le croisement de la rue *Couraye*.

Presque en face, de l'autre côté de la rue, entre les maisons portant les n°s 58 et 60, se trouve un étroit escalier qui monte à la ruelle de la *Corderie*. Celle-ci, à g., vient aboutir à la place du *Parvis-Saint-Paul*, au chevet de la nouvelle **église Saint-Paul**, édifice grandiose bâti sur le *roc de la Hogue*.

Devant la façade O. de l'église Saint-Paul, un beau *Monument* est érigé à la mémoire des combattants de 1870-71. Au delà du monument, un long escalier, à cinq paliers, descend à la rue de la *Hogue* qui débouche dans la rue Couraye, à peu près vis-à-vis du *Grand-Hôtel*.

Excursions recommandées au départ de Granville. — Les îles anglaises de la Manche.

De **Granville à Jersey**, service de bateaux à vapeur entre Granville et Saint-Hélier : départs le mercredi et le samedi, en juin et en juillet; le lundi, le mercredi et le vendredi, en août et du 1er au 9 septembre; le mercredi et le samedi, du 10 au 30 septembre; le mardi, d'octobre au 31 mai. Trajet en 1 h. 50 min. à 2 h. Prix : 10 fr. et 6 fr. 25, ou 15 fr. et 9 fr. 40, aller et retour, valable un mois. Transport des bicyclettes, 1 fr. 60; des motocyclettes, 3 fr. 20; des automobiles, 43 fr. 75. Avant de partir avoir soin de faire plomber les machines, ou de se munir d'un passavant pour les automobiles, au bureau de la douane voisin de l'embarcadère.

Le bateau accoste à **Saint-Hélier** au quai *Victoria*. Pour la visite de Saint-Hélier et de l'île de Jersey, *V.* page 164.

Les **Iles Chausey.** — De Granville, si le temps et les circonstances le permettent, un yacht à vapeur fait irrégulièrement à la Grande Ile des excursions annoncées par des affiches (consulter l'horaire au bureau des Courtiers Maritimes, rue *Lecampion*, n° 2). Prix : 3 fr., aller et retour; trajet en 1 h.

La Grande Ile (superficie 55 hect.; 1.500 m. de long. — 120 hab. — Hôt. des *Iles Chausey*), la principale du groupe d'îlots que forme l'*archipel des Chausey*, renferme une petite agglomération de pêcheurs, deux églises, un phare et un fort.

Un sentier relie la *baie du Sound*, où l'on débarque, au village voisin de la Ferme. Un autre sentier conduit de la Ferme au Gros-Mont (**1**); de ce point culminant de l'île, sur lequel est établi un sémaphore, la vue embrasse tout l'archipel.

Pour mémoire. — De **Granville** à **Vire** (**56** kil. **200** m.), par Le Calvaire (**2**), Prestot (**2.3**), Le Repas (**9.7**), Beauchamps (**4.2**), Champrépus (**3**), Fleury (**3.8**), **Villedieu-les-Poêles** (**4** — Ch.-l. de c. — 3.262 hab. — Hôt. du *Louvre* — Fabriques de chaudronnerie et de cuivrerie artistiques et communes — A voir : l'Eglise; les ruines de l'abbaye d'Hambye, à 10 kil. 5. *V.* ci-dessous), Sainte-Cécile (**2.8**), Fontenermont (**6.8**), **Saint-Sever** (**4.6** — Ch.-l. de c. — 1.387 hab. — Hôt. des *Voyageurs*) et Vire (**13** — *V.* page 192).

De **Villedieu-les-Poêles** aux **ruines de l'abbaye d'Hambye** (**10** kil. **500** m.), par Montaigu-les-Bois (**7**), Sourdeval (**2**) et l'abbaye d'Hambye (**1.5** — *V.* page 141).

DE GRANVILLE A AVRANCHES

Par Saint-Pair, Jullouville, Carolles, Saint-Jean-le-Thomas, Le Bourg-de-Dragey, Genest, Vains et Pont-Gilbert.

Distance : **32** kil. **800** m. *Côtes :* **1** h. **33** min. *Pavé :* **3** min.

Nota. — Cet itinéraire, aussi accidenté que la route nationale par Sartilly (*V.* ci-dessous), allonge de trois kil. environ, mais, étant plus intéressant, sera choisi de préférence. Il côtoie la mer et permet de visiter les petites stations balnéaires, assez fréquentées, situées entre Granville et Avranches. Nombreuses montées et descentes jusqu'au delà du Bourg-de-Dragey où la route commence à s'adoucir. Une côte de quinze cents m. précède Avranches.

La route nationale de Granville à Avranches passe par Le Calvaire (**2**), Saint-Nicolas (**1**). Cran (**5.8**), Saint-Pierre-Langers (**1.7**), **Sartilly** (**4.7** — Ch.-l. de c. — 1.160 hab. — Hôt. du *Lion-d'Or*), Le Mesnil (**3.5**), Pont-Gilbert (**5.2**) et Avranches (**1.5**).

Au sortir du *Grand-Hôtel*, suivre à dr. la rue *Couraye* (Pavé : 1'), pendant trente m., puis prendre à g. la rue *Saint-Sauveur* que prolongent les rues escarpées (1' et 4') *Sainte-Geneviève* et *Saint-Gaud*, dans le faubourg d'*Airel*, au début de la r. de Saint-Pair.

Celle-ci, parfois tracée en corniche, laisse à dr. le *fort de la Roche-Gautier*, ensuite descend au hameau de Hacqueville (**1.5** — Bains de mer), avant de s'élever de nouveau (3'). Du faite de la côte, on voit apparaitre subitement la station balnéaire de **Saint-Pair** (1.425 hab. — Hôt. des *Bains*; de *France*) et sa grande plage vers lesquelles conduit une descente rapide. Après avoir franchi la petite rivière de la *Saigue*, on monte (3') dans le village; dépassé l'*église*, on atteint la place (**1.9**).

A dr., au bas de la place, une rue mène à la *plage* (**0.1**), près des bains et d'un *chalet-casino*, d'où l'on découvre une vue magnifique sur Granville.

Sur la place de Saint-Pair faire attention : laissant à g. l'hôtel de *France*, on devra suivre, à dr., le ch. de Jullouville, qui monte (1') puis qui descend une ruelle étroite. Au bas de cette ruelle, la r., à dr., gravit (4') une petite falaise, ensuite redescend pour se diriger horizontalement à travers une longue plaine, moitié pâturage moitié dune, voisine de la mer et limitée au S. par le promontoire de Carolles.

Ayant franchi le *Tar*, on arrive aux premières villas de **Jullouville**, station balnéaire, plus modeste, dont les chalets s'alignent à dr. sur un bourrelet de la dune. Au centre de l'agglomération (**1.5**), se détache à g. le ch. de Bouillon (1.7), tandis qu'à dr. s'élève le *Casino-Hôtel*, devant la *plage* et les bains, à cent cinquante m. de la r.

Au delà de Jullouville, on se rapproche du promontoire aride qui forme la *pointe de Carolles*, en deçà de laquelle s'abritent les chalets de la petite station balnéaire de **Carolles** (**1.7** — Hôt. de la *Plage*, à l'angle du ch. de la *plage*, à deux cents m.).

Dans le promontoire, qui de loin semblait barrer tout passage, s'ouvre le ravin sauvage de *Port-Lin;* la r. le gravit (18'), en laissant à dr. (**0.2**) un autre ch. vers les bains et l'extrémité de la pointe (0.3). Plus haut, le ravin se transforme en un gracieux vallon verdoyant, tout bordé de villas, qui débouche sur le joli plateau où l'on trouve le village de Carolles. Dans cette localité, la r., d'abord à g., suit la ligne télégraphique; à hauteur de l'église, près de l'hôtel des *Bains* (**1.1**), elle tourne à dr.

Descente pour traverser un val agreste, puis forte rampe (8') ramenant sur le plateau faiblement ondulé. Ici, la r. décrit une large courbe, tracée à souhait pour permettre d'admirer dans leur ensemble la baie de Cancale, le rocher du *Mont-Saint-Michel*, dont la pyramide se détache en silhouette sur le fond des eaux, et, plus rapproché, l'îlot de *Tombelaine*, autre roc, aride et solitaire, entouré de perfides *sables mouvants*.

Au carrefour de Champeaux (**3.1**), voisin du village de ce nom, situé à g. (0.5), la r., à dr., s'abaisse rapidement vers la région des côtes basses et vaporeuses qui ceignent la baie, aux embouchures des rivières de la *Sée*, de la *Selune* et du *Couesnon*. En contre-bas, on aperçoit le groupe de chalets constituant la station balnéaire de **Saint-Jean-le-Thomas.**

Au pied de la pente, le gracieux village de Saint-Jean-le-Thomas (**1.5** — 232 hab. — Hôt. de la *Grande-Auberge)*, s'adosse à des hauteurs couvertes de bois et de pommiers. Ici, négligeant à dr. le ch. de la *plage* (1) et, à g., la r. d'Avranches (15), par Champeey (1.5), on continue à descendre devant soi la r. d'Avranches, par Dragey, plus agréable.

Perdant de vue la baie, on s'élève sur un plateau mamelonné (Côtes : 7', 3' et 2') pour gagner le Bourg (**3** — Côte : 4'), hameau dépendant de Dragey, village un peu sur la g.; de ce côté, se détache (**0.5**) le ch. d'Avranches (12), par Bacilly (1). La r., à présent encaissée entre des haies, descend vers une région qui semble très boisée; elle laisse à g. (**2.5**) le ch. de Sartilly (7.5) et de La Haye-Pesnel (15), puis passe à Genest (**0.5**), au débouché d'un vallon.

De Genest, on peut se rendre, à travers les sables de la baie, à marée basse, au *Mont-Saint-Michel* (*V.* page 185), soit à pied (1 h. 30 min.) soit en voiture. On peut se procurer guide et voiture (5 fr.) à l'hôtel des *Voyageurs*, à Genest.

La r., obliquant vers l'E., rencontre les hameaux des Guédrils (**0.8**) et du Fougeray (**1.7**), séparés par une côte (6'). Après avoir croisé le ch. de Villedieu (26) au Grand-Port (2), descente douce; la montagne d'Avranches surgit à l'horizon. Quelques ondulations (Côtes : 2' et 3') précèdent Vains (**2**). Dépassé ce village, au carrefour du Marronnier (**1.5**), vient rejoindre le ch. de Saint-Léonard (3.5), à dr. A partir du hameau du Rateau (**0.5**), on longe l'estuaire de la *Sée*, où se jette un ruisseau, franchi au *pont de Marcey*. Plus loin, on atteint la r. nationale de Granville à Avranches, au faubourg de Pont-Gilbert (**2**).

Ici, tournant à dr., on traverse la Sée, puis le ch. de fer (**0.5**), en laissant à dr. le ch. de la gare.

Le ch. de la gare passe devant l'hôtel recommandé *Bonneau* (où l'on pourra s'arrêter si l'on ne veut pas monter jusqu'à Avranches) et conduit à Pontaubault (direction du Mont-Saint-Michel), en évitant la côte d'Avranches.

Au delà de la gare, on laisse à g. le *chemin de raccourci*, pour piétons, qui monte à Avranches, puis, contournant la montagne, on passe au hameau de la Croix-Verte (**2**). Après l'embranchement (**0.3**) du ch. du Val-Saint-Pair (1.4), à dr., on rejoint la r. nationale d'Avranches à Pontaubault, au bas de la descente, dite de l'M (**1.7** — V. page 186).

A deux cents m. du passage à niveau, commence la longue côte de quinze cents m. (20') qui conduit à Avranches, ville couronnant la pointe d'un promontoire escarpé. Parvenu à la bifurcation, dite de l'*embranchement* (**0.6**), négligeant à g. la r. de Villedieu-les-Poêles (V. page 133), on continue à gravir la montagne à dr.

Au coude suivant (à dr., *chemin de raccourci*, pour piétons, descendant à la gare. V. ci-dessus), la r. coupe une ligne de boulevards extérieurs, puis, sous le nom de rue *Louis-Millet* (Pavé : 2'), longe à g. le *jardin de l'Évêché* et pénètre dans **Avranches** (Ch.-l. d'arr. — 7.381 hab.).

La rue Louis-Millet aboutit à la place *Littré*, sur laquelle on aperçoit à g. le lourd bâtiment de l'*Hôtel de Ville*. Dans l'étroite rue des *Courtils*, à dr. de la place (Montée : 1'), se trouvent immédiatement les entrées, qui se font face, de l'hôte. d'*Angleterre*, à dr., et de l'hôtel de *France*, à g. (**0.9** — Café du *Grand Balcon*, 17, rue de la *Constitution*).

Visite de la ville d'Avranches (environ 2 h.). — **A l'E.** de la place *Littré*, suivre la rue du *Pot-d'Etain*, qui aboutit à la rue des *Fontaines-Couvertes*. Tourner à g. dans cette dernière, puis, presque aussitôt, à dr. dans la r. des *Trois-Rois*. Celle-ci conduit à la place et à l'**église Saint-Gervais** (horloge à carillon).

A l'angle g. de la place Saint-Gervais, la rue *Quatre-Œufs*, ensuite la rue *Pomme-d'Or*, encore à g., mènent à la place du *Promenoir*, vis-à-vis un pâté de constructions enclavées dans l'enceinte de l'ancien *château* d'où surgissent les ruines d'un massif donjon. La place du promenoir est terminée à dr. par une *esplanade* d'où la vue, splendide, s'étend sur toute la région au N. de la ville ; à g. de l'esplanade, et à l'angle d'une rue, se voient les restes d'une *tour* qui dépendait jadis d'une porte fortifiée.

Au S., la place du Promenoir communique avec la place *Littré*; ici, tournant à dr., devant la façade de l'Hôtel de Ville, on se dirigera vers le *jardin de l'Evêché*. Dans ce jardin, après la *statue du général Valhubert*, une belle avenue de tilleuls relie à la grille opposée. Immédiatement du côté extérieur de cette grille, à dr. une rampe de charmilles monte à la *plate-forme*, devant la *Sous-Préfecture*, où s'élève le *Monument* érigé à la mémoire des combattants de 1870-71 ; belle vue. A g. de la grille du jardin, si l'on descend quelques marches, on croise la route, et par la ruelle, vis-à-vis, on gagne le b[d] de l'*Ouest*.

Le b[d] de l'Ouest, à g., mène à la vaste place *Carnot*, bordée, à l'E., par l'**église Notre-Dame-des-Champs** (à l'intérieur, vitraux remarquables), et, à l'O., par le **Jardin des Plantes**. Ce jardin, qui renferme de beaux arbres et de jolis massifs de fleurs, possède une *terrasse*, d'où se déploie un panorama magnifique sur l'embouchure de la Sée, la baie de Cancale et le rocher du Mont-Saint-Michel.

Après avoir parcouru le jardin et visité l'église Notre-Dame-des-Champs, on prendra, derrière l'église, la petite rue des *Champs*, à g., où se trouve, un peu plus bas, l **église Saint-Saturnin**, à dr. Passant encore derrière cette église, par la rue *Saint-Saturnin*, on va rejoindre la rue de la *Constitution*, la principale de la ville, (à dr., direction de Pontorson), qui, à g., ramène à la place *Littré*.

Excursion recommandée au départ d'Avranches. — Le Mont-Saint-Michel (25 kil. 200 m. jusqu'au Mont-Saint-Michel).

On peut se rendre au Mont-Saint-Michel soit par la route, en machine (ou en voiture de louage — prix, 12 fr. chez *A. Briand*, rue *Louis-Millet*, en face le jardin de l'Evêché), soit par le ch. de fer. La r., assez banale (*V.* ci-dessous), obligeant de revenir à Avranches par le même itinéraire suivi à l'aller, il sera plus simple, pour faire cette excursion, de prendre le train qui, partant d'Avranches vers 10 h. du matin (consulter l'horaire), arrive au Mont-Saint-Michel vers midi. On déjeune au Mont-Saint-Michel, ensuite il reste tout le temps nécessaire à la visite de l'abbaye, des remparts et du musée, avant de reprendre le train pour Avranches vers 4 h. (prix : billets simples, 3 fr. 60, 2 fr. 50, 1 fr. 65; aller et retour, 5 fr. 20, 3 fr. 90, 2 fr. 75; trajet en 1 h. 1/2 environ; on change de train à Pontorson).

La ligne du ch. de fer aboutit au Mont-Saint-Michel, au pied même des remparts, devant deux énormes tours. Ici, une passerelle à g. relie la voie à la *porte de l'Avancée*, à l'entrée du bourg.

Itinéraire par la route : Au départ d'Avranches, on monte la longue rue pavée de la *Constitution*, continuée par la r. de Pontaubault. Celle-ci gagne le bord du plateau, puis descend rapidement, en décrivant quatre lacets qui forment un M, jusqu'à l'embranchement du ch. (**2.5**), qui vient à g. de la gare d'Avranches (V. page 184). La r., très droite, laisse la gare de Pontaubault à dr., puis passe sous la *ligne de Domfront* avant de franchir la *Sélune*, en amont du pont métallique de la voie ferrée; on traverse le village de Pontaubault (**4**).

Trois cents m. au delà de l'église de Pontaubault, négligeant à g. la r. de Ducey, on continue tout droit. Six cents m. plus loin (**0.0**), on laisse encore à g. une autre r. venant de Ducey, et, devant soi, la r. de Fougères (33), pour suivre à g. la r. de Pontorson.

La r. de Pontorson passe à Précey (**2.5**), puis (**2.7**) entre l'avenue de marronniers du *château de Bois-Chiquot*, à g., et le ch. de Servon, à dr. Après avoir croisé (**2.0**) la *ligne d'Avranches à Pontorson*, on atteint le hameau de Brée (**0.7**). Ici, abandonner la r. de Pontorson (5.5) et prendre à dr. le ch. de Beauvoir qui traverse Brée. Dans ce hameau, on néglige les deux ch. de Tanis et d'Ardevon, qui se détachent à dr., et l'on continue directement pour aller passer au village des Pas (**2.5**), puis à celui de Beauvoir (**2**). Six cents m. au delà de ce dernier, on joint (**0.6**) la r. de Pontorson au Mont-Saint-Michel, devant la ligne du tram à vapeur qui relie ces deux localités. La r., à dr., court parallèlement à la voie et à la rivière du *Couesnon*, celle-ci endiguée et canalisée dans d'immenses grèves conquises sur la mer. Bientôt la r. s'engage sur le remblai, dit *la digue*, long de deux kil., qui unit le continent au rocher du Mont-Saint-Michel.

A l'extrémité de la digue, près d'atteindre le terminus de la voie, au pied des remparts du Mont-Saint-Michel, une petite rampe, qu'on descend à g., mène à la *porte de l'Avancée* à l'entrée du bourg (**1.2**).

On pénètre dans le bourg du Mont-Saint-Michel, enlaçant le rocher à pic que domine la célèbre abbaye, par la *porte de l'Avancée*. Cette porte précède la *cour de l'Avancée* où se voient : à g., le *corps de garde des Bourgeois*, et, à dr., les *Michelettes*, deux canons abandonnés par les Anglais au XVe s. On passe sous une seconde porte, la *porte du Boulevard*, donnant accès dans la *cour* du même nom (à g., l'hôtel *Poulard aîné;* omelettes renommées).

Au delà d'une troisième porte, dite la *porte* et *Logis du Roi*, commence la **Grande-Rue**, étroite artère moyenâgeuse, escarpée, très curieuse, avec ses magasins, ses débits, et le va-et-vient continuel des touristes. On monte la Grande-Rue dans toute sa longueur; elle passe au pied de l'**Eglise paroissiale**, à g., et quelques m. plus loin, au-dessous du **Logis Tiphaine**, ancienne maison (restaurée) de Du Guesclin, également à g.

A l'extrémité de la rue, une série d'escaliers mène à hauteur d'un *calvaire*, à g. Ici, gravir les degrés à dr.; ils conduisent à la *courtine du Nord*, sur les remparts. Continuant à g., après être passé à côté de l'*échauguette du Nord* et de la *tour Claudine*, on entrera dans **l'abbaye** par la porte fortifiée de la *Barbacane*.

Un large escalier, qui monte sous le *Châtelet*, aboutit à la *salle des Gardes*, au fond de laquelle, à dr., se trouve une courette où se tiennent les gardiens.

Au Mont-Saint-Michel, une des principales curiosités historiques et monumentales de la France, les remparts sont en tout temps accessibles aux promeneurs. L'abbaye est ouverte au public de 8 h. du matin à 6 h. du soir, du 1er juin au 15 septembre; de 9 h. 11 h. du matin et de midi à 4 h., à partir du 16 septembre. La visite du monument est gratuite et dure 1 h. 1/4.

A l'intérieur de l'abbaye, on visite successivement l'*église*, la *merveille*, les *cloîtres*, le *dortoir*, le *réfectoire*, la *salle des Chevaliers*, les *cachots*, le *cellier*, ainsi qu'une quantité de pièces diverses que relient de nombreux escaliers et couloirs. De l'église, un de ces escaliers monte à une petite plate-forme, située au-dessus du triforium, d'où l'on embrasse une vue étendue sur la baie du Mont-Saint-Michel, le rocher de Tombelaine, la pointe de Carolles et Avranches.

Sortant de l'abbaye par la même porte de la Barbacane, on reprendra le ch. de la courtine du Nord, mais, arrivé près du calvaire, au lieu de descendre à dr. vers la Grande-Rue, on continuera le ch. de ronde sur les remparts par la *courtine de l'Est*.

Plus bas, on passe près du *bastillon* et de la *tour Boucle*, puis sur la *courtine du Sud*. Parvenu au passage pratiqué au-dessus de la *porte du Logis du Roi*, on le traversera, à dr., pour gagner un escalier fort raide, longeant le *Mur du Monteux*. Au faîte de cet escalier, on atteint le **Musée** (entrée, 1 fr.; ouvert de 7 h. du matin à la nuit — Vente de bijoux artistiques en coqs de montres anciennes).

Le musée, œuvre d'une entreprise privée, renferme un groupement très intéressant de souvenirs concernant le Mont-Saint-Michel dans sa triple histoire d'abbaye, de château fort et de prison d'État; on y voit aussi des collections remarquables d'objets historiques et d'art, d'armes et de montres anciennes, etc. Dans le jardin du musée fonctionne le *Spectrographe militaire*, reposant sur le principe du *Périscope* des sous-marins.

A la sortie du musée, on redescendra à dr. l'escalier du Mur du Monteux, et, au delà du passage pratiqué sur la porte du Logis du Roi, l'escalier à g. qui ramène au bas de la Grande-Rue.

Pour mémoire. — D'Avranches à **Caen**, *V.*, en sens inverse, page 133.

D'Avranches à Alençon (121 kil. 700 m.), par Saint-Osvin (**7.5**), La Charrerie (**1.7**), Reffuveille (**7.3**), **Juvigny-Le-Tertre** (**7** — Ch.-l. de c. — 752 hab. — Hôt. du *Lion-d'Or*), Saint-Barthelemy (**5.5**), **Mortain** (**4** — Ch.-l. d'arr. — Hôt. de la *Poste* — Séjour de villégiature dans une des régions pittoresques de la Normandie, appelée la « Suisse Normande »).

VISITE DE LA VILLE DE MORTAIN ET DE SES ENVIRONS (environ 3 h.). — Vis-à-vis l'hôtel de la *Poste*, la rue. puis le ch., à g. de l'intéressante **église Saint-Evroult**, montent directement à une r. transversale qu'il faut prendre à dr. pour passer devant l'*Hospice civil*.

Au delà de la grille de cet établissement, on abandonne la r. et l'on gravit le premier ch. à g. qui longe l'hospice. Parvenu à une seconde r. transversale, continuant à g., on dépasse quelques maisons du haut de Mortain ; plus loin, près d'un énorme rocher, laissé à g., quittant la r., on s'engage à dr. dans l'allée ouverte sous un charmant petit bois de pins. Au bout de l'allée, se trouve la **chapelle Saint-Michel**, posée à l'extrême pointe d'un éperon rocheux, d'où l'on découvre un des panoramas les plus beaux de la Basse-Normandie, étendu sur une immense région couverte d'arbres et de pâturages.

Le dos tourné au portail de la chapelle, on reviendra vers la ville par le ch., à g., qui descend sous les sapins : plus bas, il longe le cimetière et aboutit à une r. de voitures. Ici, tournant à dr., on retrouve bientôt, à g., le ch. par lequel on est monté. Descendre ce ch. dans toute sa longueur, et, après avoir longé l'hospice et croisé la r. qu'on connait déjà, continuer tout droit en passant au chevet de la *chapelle* du couvent des Ursulines. Au bas du ch., on arrive dans Mortain à la *Grande-Rue*.

Suivre la Grande-Rue, à dr., jusqu'à la rue du *Bassin*. Celle-ci, à g., descend à la place de la *Sous-Préfecture* où se voit, en face, le jardin de la Sous-Préfecture, à l'emplacement qu'occupait autrefois le *château fort* de Mortain, sur un rocher taillé à pic, au-dessus de la vallée de la *Cance*.

Une rampe, bordée d'une balustrade, à dr. de la place, descend au fond de la vallée, et va rejoindre une r. de Mortain au Neufbourg qui, à g., franchit la rivière. Ici, un guide est nécessaire (s'adresser à l'une des maisons voisines) pour se faire conduire aux *cascades* (gratification).

Après le pont, un étroit sentier, à g., ramène vers les prairies que baigne la Cance, au pied de magnifiques rochers, dans un décor de sites délicieux pleins de douceur et de poésie.

Des prairies, pour aller visiter la *Petite Cascade*, on remonte à dr. le ravin de la rivière *Dorée* par un sentier, peu commode, conduisant, en amont de la cascade, au *pont du Diable*.

Le sentier de Romagny, qui traverse ce pont à g., puis qui passe sous la ligne du ch. de fer, mène, quelques m. plus haut, à la *pierre du Diable*. Celle-ci, posée à plat sur le ch., est creusée des bizarres empreintes que messire Satan, dit la légende, aurait laissées.

De la pierre du Diable, revenir sur ses pas ; on repasse le pont du Diable, et, continuant tout droit, on regagne la r. du Neufbourg qu'il faut monter à g. Un peu plus loin, on abandonne encore la r. du Neufbourg, et, par la première r. à dr., on redescend vers la vallée de la Cance. Dans le bas de cette r., avant le pont sur la rivière, un sentier à g., qui contourne un rocher et longe une palissade en bois, aboutit à un « bout du monde », sorte d'impasse sauvage, au fond de laquelle se présente la **Grande-Cascade.**

Ici, franchir la Cance. Sur la rive g., le sentier, escarpé, conduit au niveau supérieur de la cascade et, de là, presque aussitôt à dr., à la r. de Mortain à Vire, belle avenue bordée d'arbres.

Tournant à g. sur cette r. on arrive bientôt devant le portail du **Séminaire.** Le séminaire occupe l'ancienne *abbaye Blanche*, monastère fondé au xe s. (pour visiter, s'adresser au concierge). A l'intérieur, on fait voir le *cloître*, la *crypte*, la *salle capitulaire* et la *chapelle*. Dans le haut du parc, parsemé de roches pittoresques qu'ombragent des sapins, de ravissants sentiers montent jusqu'au pied d'une *statue* colossale en bronze doré de la Vierge ; vue magnifique sur Mortain et ses environs.

Du séminaire, regagner directement la ville en descendant à g. la r. de Vire à Mortain.

Mortain, La Prise-Pouchard (**1.7**), **Barenton** (**5.3** — Ch.-l. de c. — 2.100 hab. — Hôt. des *Voyageurs* — A voir : le dolmen de la Roche), Saint-Georges-de-Rouellé (**5**), Rouellé (**3.2**), **Domfront** (**8** — Ch.-l. d'arr. — 4.801 hab. — Hôt. de la *Poste* — A voir : l'église Notre-Dame-sur-l'Eau, le Château), **Juvigny-sous-Andaine** (**10.7** — Ch.-l. de c. — 1.310 hab. — Auberges — A voir : le phare de Bonvouloir à 3 kil. N.-N.-E.), La Chapelle-Moche (**3**), Haleine (**3.3**), **Couterne** (**2** — Hôt. *Mariel* — A voir : le château de Couterne, à 3 kil. ; les bains de Bagnoles, à 5 kil. 5, *V.* ci-dessous), Mehoudin (**3**), Neuilly-le-Vendin (**3.5**), **Couptrain** (**3.7** — Ch.-l. de c. — 396 hab. — Hôt. *Roger-Bellier*), Le Hameau (**3.3**), **Pré-en-Pail** (**3.1** — Ch.-l. de c. — 2.865 hab. — Hôt. de *Bretagne*), La Lacelle (**1.7**), Saint-Denis-sur-Sarthon (**8**), Saint-Mélivier (**1.1**) et Alençon (**10.1** — *V.* page 27).

De **Couterne** à **Bagnoles** (**5** kil. **500** m.), par le château de Couterne (**3**) et Bagnoles (**2.5** — Station thermale renommée — *Grand-Hôtel*, 1er ordre ; hôt. de la *Ter-*

rasse, plus simple — A voir : l'Etablissement de bains, le Parc, le Casino, le Lac — Centre d'excursions dans les pittoresques forêts de La Ferté-Macé et d'Andaine : à Antoigny, puis aux gorges de Villiers, à la chapelle de Saint-Antoine, au château de Monceaux et à la chapelle du Lignou, 18 kil. aller et retour; à Saint-Maurice-du-Désert, par Saint-Michel-des-Andaines, La Sauvagère, La Bertinière et La Sauvagère, 25 kil., aller et retour).

D'AVRANCHES A VIRE

Par Ponts, Tirepied, Brécey, Saint-Laurent-de-Cuves, Saint-Pois, Montjoie, Gâthemo et Saint-Clair.

Distance : **45** kil. *Côtes :* **2** h. **43** min. *Pavé :* **7** min.

Nota. — Route très accidentée, particulièrement entre Brécey et Gâthemo.

Un autre itinéraire, par Mortain, plus long de quinze kil., également très accidenté, permettrait d'aller visiter les sites pittoresques qui ont valu, aux alentours immédiats de Mortain, d'être nommés, toutes proportions gardées, « la Suisse Normande ». D'Avranches à Mortain, *V.* page 188 ; de Mortain à Vire, *V.*, en sens inverse, page 195.

De la place *Littré*, dans Avranches, on redescend par la rue *Louis-Millet* (Pavé : 2') à la bifurcation de l'*embranchement* (**0.9**); ici, laissant à g. la direction de Granville, on continuera devant soi la r. de Villedieu-les-Poêles. Celle-ci descend, sur le flanc du promontoire d'Avranches, jusqu'au village de Ponts (**1.1**), où, avant de franchir la Sée, on néglige à dr. un premier ch. de Brécey (14.5), par La Gohannière (6.5).

De l'autre côté de la rivière, laissant encore à g. le ch. de La Haye-Pesnel (12.5), un peu plus loin, au hameau du Bourg-Robert (**0.5**), on abandonnera la r. de Villedieu-les-Poêles (18.8) pour prendre à dr. le ch. de Brécey, par Tirepied.

Ce ch. remonte la vallée de la Sée, que limite, sur la rive g., la haute colline d'Avranches fuyant lointaine vers le S.-E.; tandis que, sur la rive dr., de nombreux vallons latéraux apportent le tribut de leurs ruisseaux à la rivière. Légères rampes et descentes; deux côtes (1' et 2').

Après le village de Tirepied (6), les ondulations s'accentuent (Côtes : 2', 3' et 5') : descente rapide au *pont de Bien* (1.5), suivie d'une longue côte (12') et de deux petites montées (3' et 2'), pour gagner **Brécey** (3.5 — Ch.-l. de c. — 2.291 hab. — Hôt. du *Soleil-Levant*).

Dans le haut de la place de Brécey, où se voit à dr. l'*Hôtel de Ville*, construction en granit, avec arcades, tourner à g., puis, à dr., en longeant l'église. Au chevet de celle-ci, le ch. bifurque et l'on peut se rendre à Saint-Pois, soit par Cuves, soit par Saint-Laurent-de-Cuves. La distance étant la même dans les deux directions, il est préférable de passer par Saint-Laurent-de-Cuves dont le ch. continue à g. derrière l'église.

Ce ch., très accidenté, monte (1' et 5') et descend tour à tour, il s'élève (15'), jusqu'au delà de Saint-Laurent-de-Cuves (4.5), à travers une région variée d'aspect et empreinte d'un caractère montagneux. Dépassé le village, après une descente un peu accentuée, les rampes se succèdent (15' et 5'). On contourne l'agreste vallon du *Glenon*, puis, montant en lacets (12'), on passe à côté d'un beau quinconce de tilleuls, en découvrant une magnifique vue à dr. Plus haut, on atteint **Saint-Pois** (4.8 — Ch.-l. de c. — 747 hab. — Hôt. du *Commerce*), village étagé sur le penchant d'une haute colline qui domine la vallée de la Sée.

Dans Saint-Pois, laissant à dr. la rue descendant au bourg et, à g., un ch. vers Villedieu (16.5), on gravira, à l'angle de ce dernier, le deuxième ch. à g. qui est celui de Vire. Côte escarpée (5'), descente, ensuite longue rampe (35') jusqu'au village de Montjoie (3.4), où croise le ch. du Mesnil-Gilbert (8) à Saint-Sever (12).

Une courte descente conduit bientôt au carrefour du Dialot (**0.5**), devant une nouvelle bifurcation. Ici, deux ch. se présentent encore pour se rendre à Vire : l'un (15), à g., par Champ-du-Boult (3), l'autre, à dr., par Gâthemo. Ce dernier, quoiqu'un peu plus long, étant préférable à l'aller, on le prendra.

Après deux montées (5' et 3'), le ch. atteint son point culminant (Alt. : 333 m.) et commence à descendre. On passe dans le voisinage de carrières de *granit* bleu, taillé sur place; puis une petite montée (4') précède Gâthemo (**3.3**).

Dans ce village, situé au croisement de la r. de Saint-Hilaire (24) à Vire, abandonnant le ch. de Tinchebray, par Les Maures (8), on tourne à g. pour passer devant l'église. Descente, rampe (6'), ensuite la r. s'aplanit avant de commencer une magnifique descente de trois kil. conduisant vers le vaste bassin de la *Vire*, encadré de hautes collines; vue superbe.

Successivement on rencontre le carrefour de La Guilmoisière (**4**), où aboutit un ch. venant de Saint-Sever (11.5), puis celui de La Croix-de-la-Châtellerie (**2.9**), à la croisée du ch. de Truttemer-le-Grand (10.6) à Saint-Sever (11). La r. franchit (**0.5**) un pont sur le ch. de fer, ensuite un affluent de la Vire, au milieu de fraiches prairies.

La montée, qui reprend (8' et 5'), coupe (**1.1**) le ch. de Navilly (4) à Vengeons (9.3). Plus haut, on rejoint, au hameau de Saint-Clair (**2**), la r. de Mortain (22) à Vire. Ici, tournant à g., on ne tarde pas à descendre rapidement par la rue *Emile-Chenel* dans **Vire** (Ch.-l. d'arr. — 6.517 hab. — *Andouillettes* renommées), ville ancienne et pittoresque, bâtie en partie sur une colline escarpée, en partie sur le versant de coteaux drapés de verdure.

Au bas de la rue (Pavé : 5'), qu'assombrissent des maisons en granit, on traverse, devant *l'Hôtel-Dieu*, une placette ainsi que la Vire, cette rivière se frayant un curieux passage, en amont et en aval, entre de vieilles habitations.

De l'autre côté de la rivière, la rue *Armand-Gasté*, à g., au-dessous de l'*église Sainte-Anne*, mène à la place de l'*Hôtel-de-Ville*, d'où l'on monte (3') par la rue *Deslongrais* au croisement de la rue *aux Fèvres* (**1.2**), sur la crête de la colline. Ici, se trouve situé à g. l'hôtel du *Cheval-Blanc* (grand café à l'intérieur), au n° 5, à l'angle de la rue aux Fèvres et de la rue descendante du *Calvados*, devant soi.

Visite de la ville de Vire (environ 1 h. 1/2). — Vis-à-vis l'hôtel du *Cheval-Blanc*, on descendra la rue *Deslongrais*, où s'ouvre, presque aussitôt à g., après la *Gendarmerie*, l'entrée d'un joli *jardin public*, dessiné en amphithéâtre derrière l'Hôtel de Ville.

Plus bas, la place de l'*Hôtel-de-Ville*, que borde à g. l'*Hôtel de Ville*, renfermant le **Musée** (ouvert les jeudis, dimanches et jours fériés de 2 h. à 4 h.), est décorée de la *statue de Castel*.

En descendant la rue *Armand-Gasté*, prolongement de la rue Deslongrais, on arrive à **l'église Sainte-Anne**, surélevée à g. au faîte d'un large escalier. Au delà de l'église, la rue *aux Teintures*, curieuse avec ses vieilles *maisons* et ses passerelles, longe la Vire.

A dr. de la place de l'Hôtel-de-Ville, en arrière de la statue de Castel, la rue *Chaussée*, passant à côté des vestiges d'une ancienne porte fortifiée, de maisons à arcades, relie à la place *Nationale*, très irrégulière (*fontaine* avec *buste de Chênedollé*), où s'élève **l'église Notre-Dame**, à dr.

La place Nationale se continue au S. par une vaste esplanade, ombragée d'arbres séculaires, formant un promontoire presque à pic, qui domine de trois côtés la vallée de la Vire. Vue magnifique : à g., sur la ville et, à dr., sur le *vallon des Vaux-de-Vire*, célèbre par le nom qu'il a donné à certaines poésies. A l'extrémité de l'esplanade, un gros rocher supporte deux hauts pans de mur, restes d'un **château** féodal.

Revenant sur ses pas, on traverse la place Nationale, et, ayant parcouru le début de la rue *Notre-Dame*, au delà de l'église, on prendra à dr. la rue *Saulnerie*. Celle-ci, la plus commerçante de la ville, est prolongée par la rue *aux Fèvres* qui conduit à la **tour de l'Horloge**.

Un peu en deçà de la tour, dans la rue du *Neufbourg*, à g., l'on peut voir à dr. une *maison* à façade de la Renaissance, au n° 6, et l'*Hôtel d'Aigneaux*, au n° 20.

De l'autre côté de la tour, la rue aux Fèvres, laissant à dr. la rue Deslongrais et, à g., la rue du *Calvados* (direction de la gare), monte, à g., à la place et à la petite *église Saint-Thomas*, insignifiante.

Dans la rue du Calvados, la rue d'*Aigneaux*, la première à g., mène à la place du *Champ-de-Foire*, d'où l'on a une très belle vue sur la région, dite du « Bocage », qui s'étend au N. de Vire.

Excursion recommandée au départ de Vire. — Les Vaux-de-Vire (3 kil. 900 m., aller et retour).

Itinéraire : Dans le bas de la rue *Armand-Gasté*, s'ouvre à dr. la rue du *Valhérel*, début de la r. de Montjoie, qu'il faut suivre (à dr., derrière la maison portant le n° 10, il existe une *tour* bien conservée des anciens remparts).

La r. vient contourner la base du promontoire rocheux, qui porte les débris du château, et longe la *Vire* qu'elle traverse au *pont de l'Ecluse*, devant une scierie (**0.7**). On descend le pittoresque vallon, profondément encaissé, où la rivière actionne de nombreux moulins et des usines.

Au *pont des Vaux* (**1**), la r. bifurque : la branche de g., qui continue la r. de Montjoie, par Champ-du-Boult (**10.2**), remonte le vallon sauvage de la *Virène*, intéressant pendant environ un kil. et demi ; la branche de dr. franchit la Vire à son confluent avec la Virène, et, laissant à dr., de l'autre côté du pont, un ch., dit rue *Basselin*, qu'on pourra prendre au retour, s'élève sous le nom de *chemin des Vaux*, en traversant le petit hameau des Vaux.

Ce ch. domine une gorge boisée et va aboutir (**0.7**) à la r. de Granville, un peu au-dessus du viaduc du ch. de fer, situé en contre-bas à g. De cet embranchement, on peut revenir à Vire, soit directement (**1**), en montant la r. de Granville à dr., soit en revenant sur ses pas au pont des Vaux (**0.7**). Immédiatement avant le pont, le ch. ou rue Basselin, à g., s'élève sur le flanc de la colline (la première maison à dr., signalée par une plaque, fut celle d'*Olivier Basselin*, l'auteur des poésies dénommées plus tard les Vaux de Vire), en découvrant de nouveaux points de vue sur la vallée, et vient déboucher dans Vire à la place *Nationale*, ou, un peu plus loin, à l'esplanade du château (**0.8**).

Pour mémoire. — De **Vire** à **Granville**, *V.*, en sens inverse, page 180.

De **Vire** à **Saint-Lô**, *V.*, en sens inverse, page 142.

De **Vire** à **Caen**, *V.*, en sens inverse, page 134.

De **Vire** à **Mortain** (**24** kil. **300** m.), par La Masure (**1.5**), **Sourdeval** (**8.0** — Ch.-l. de c. — 3.572 hab. — Hôt. de la *Poste* — Fabriques de couverts en aluminium et de soufflets), La Moinerie (**1.7**), La Tournerie (**1.7**) et Mortain (**1.8** — *V.* page 188).

De **Vire** à **Argentan** (**75** kil. **400** m.), par **Tinchebray** (**16.3** — Ch.-l. de c. — 4.421 hab. — Hôt. du *Lion-d'Or* — Usines de quincaillerie), La Madeleine (**1.5**), Rivière (**1.5**), Landisacq (**1.5**), **Flers** (**6.8** — Ch.-l. de c. — 13.680 hab. — Hôt. de l'*Ouest* — A voir : le Château), **Briouze** (**17** — Ch.-l. de c. — 1.618 hab. — Hôt. de la *Poste* — A voir : les bains de Bagnoles, à 19 kil. 8, *V.* ci-dessous), Pointel (**1.5**), Fromentel (**5.8**), **Ecouché** (**10.8** — Ch.-l. de c. — 1.275 hab. — Hôt. de la *Renaissance*), Micheudin (**2.2**), Fontenay-sur-Orne (**2.5**) et Argentan (**5** — *V.* page 201).

De **Briouze** à **Bagnoles** (**10** kil. **800** m.) par Lonlai-le-Tesson (**6.8**), **La Ferté-Macé** (**6.5** — Ch.-l. de c. — 6.467 hab. — Hôt. du *Cheval-Noir* — Centre industriel) et Bagnoles (**6.5** — *V.* page 189).

DE VIRE A PONT-D'OUILLY

Par Vaudry, Viessoix, Vassy, Saint-Germain-du-Crioult, Condé-sur-Noireau et Pont-Erambourg.

Distance : **37** kil. **900** m. *Côtes :* **1** h. **31** min.
Pavé : **16** min.

Nota. — Route très accidentée entre Vire et Condé-sur-Noireau; côtes nombreuses. Au delà de Condé-sur-Noireau, on descend la pittoresque vallée du Noireau, renommée par ses sites agrestes, jusqu'à Pont-d'Ouilly.

Au départ de l'hôtel du *Cheval-Blanc*, on monte à g. (7') la rue *aux Fèvres*, sur laquelle s'embranche à dr., quelques m. plus loin, la rue du *Haut-Chemin* (Pavé : 3'), prolongée par la rue de l'*Hospice*. A l'extrémité de cette dernière, on néglige à dr. (**0.6**) la r. de Flers, par Tinchebray (*V.* ci-dessus), pour continuer à g. par celle de Falaise.

La r., uniforme, courant toute droite entre des champs et des herbages, entourés de haies, procède par larges ondulations et s'élève graduellement (Côtes : 4' et 4') ; elle laisse sur la g. Vaudry (**2**), puis, après deux montées (3' et 4'), descend pour passer sous la ligne du ch. de fer, près de Viessoix (**4**), à dr.

Deux rampes (12' et 10') mènent, au pied du calvaire de Chénedollé (**3.1**), au croisement du ch. du Béni-Bocage (13.7) à Tinchebray (9.6), ensuite au hameau des Hauts-Vents (**0.7**), à l'intersection du ch. d'Aunay-sur-Odon (25.2) à Tinchebray (9.6).

Après une côte (7'), suivie d'une belle descente et d'une courte montée (2'), on atteint le gros village de **Vassy** (**5.6** — Pavé : 5' — Ch.-l. de c. — 2.120 hab. — Hôt. *Saint-Pierre*), où rejoignent les ch. de Truttemer-le-Grand (16.1) et de La Ferté-Macé (41.9), à dr., et celui d'Aunay-sur-Odon (23.9), à g.

A la sortie de Vassy, les côtes reprennent (5' et 5'); puis une descente rapide conduit dans la vallée du *Fortillon*, traversée de biais; à g., sur la hauteur, apparait un *château* moderne. A mi-côte de la longue rampe (15') qui succède, remarquer à g. de la r., le *chêne-parapluie*, curieux arbre, au bord du fossé, près d'un poteau du télégraphe.

Depuis le village de Saint-Germain-du-Crioult (**5**), on descend, à quatre agréables reprises, vers **Condé-sur-Noireau** (Ch.-l. de c. — 6.951 hab. — Hôt. du *Lion-d'Or*), important centre industriel, mais sans autre attrait, situé au confluent de la *Drouance* et du *Noireau*.

On entre dans la localité par la rue de *Vire* (Pavé : 8'), qu'il faut suivre jusqu'à la croisée de la rue du *Vieux-Château* (**1.5**). Ici, laissant à dr. la r. de Flers (12), tourner à g. dans la rue du Vieux-Château.

Pour mémoire. — De **Condé-sur-Noireau** à **Caen**, *V.*, en sens inverse, page 134.

De **Condé-sur-Noireau** à **Domfront**, *V.* page 134.

La rue du Vieux-Château longe à g. une place, au fond de laquelle est le *Cercle*, puis traverse la *Drouance*.

Au delà du pont, la rue monte (4'), passant à côté de la *halle* et de la statue du célèbre navigateur *Dumont-d'Urville*, à g.; elle incline ensuite à dr. et côtoie l'*église Saint-Sauveur*, à dr.

Un peu plus haut, après la place de l'église, la r. de Falaise, se détachant (**0.5**) de la r. de Caen (41.7), monte légèrement la première rue à dr.; aux dernières maisons, elle commence à descendre la rive g. de la pittoresque vallée du *Noireau*.

En arrivant au hameau de Pont-Erambourg (**2.2** — Rest. du *Poisson-Vivant*), dans un charmant paysage, on laisse à g. le ch. de Saint-Denis-de-Meré (2.5). Quelques m. plus loin, ayant franchi le Noireau, devant le confluent de la *Vère*, on néglige, immédiatement à dr., le ch. de Saint-Pierre-du-Regard (2.4) ainsi que le ch. contigu de Flers (13.7).

La r. de Falaise gravit un raidillon (1') pour passer devant une *chapelle*, puis continue à descendre la vallée, entre deux collines rocheuses et boisées.

Du dép[t] du Calvados on pénètre dans celui de l'Orne; légères ondulations (Côtes : 3' et 2'). Après le hameau de Cambercourt (**1.3**), où s'écarte à dr. le ch. d'Athis (8), on s'abaisse vers le riant bassin que dessine l'orée du val du *Béron*, à l'O. La r. croise la *ligne de Falaise*, puis, resserrée entre celle-ci, à dr., et la *ligne de Caen*, à g., gagne la bifurcation de La Rivière (**0.9**). Ici, laissant à g. un autre ch. de Saint-Denis-de-Meré (4.4), continuer à dr. (Montée : 2').

On traverse encore deux fois le ch. de fer dans la jolie vallée, qui dissimule quelques usines sous la richesse de sa verdure, ensuite, revenant sur la rive g. de la rivière, au hameau des Planches (**2.1**), on monte deux petites côtes (2' et 2'). La r. descend rapidement, depuis l'embranchement du ch. de Proussy (9.8), jusqu'à l'entrée du bourg de **Pont-d'Ouilly** (**2.1** — Hôt. de la *Grâce-de-Dieu*), situé près du confluent de l'Orne et du Noireau, dans un des plus beaux sites de la vallée de l'Orne.

DE PONT-D'OUILLY A FALAISE

Par Ouilly-le-Basset, Le Haut-d'Ouilly, Le Mesnil-Jacquet, Martigny et Miette.

Distance : **18** kil. *Côtes :* **1** h. **17** min. *Pavé :* **6** min.

Nota. — Cette route présente une rampe, longue de trois kil., en quittant Pont-d'Ouilly, et, sur le reste du parcours, trois autres côtes d'un kil. environ chacune.

Au Pont-d'Ouilly, on franchit l'*Orne* sur un *pont* qui date du XVe s. De l'autre côté de la rivière, la r. s'élève en lacets à travers le bourg, puis continue à monter très durement pendant trois kil. (45' — Belle vue en arrière sur la vallée); à g., s'écarte (**1**) le ch. de Caen (38.9).

Au faîte de la rampe, on atteint le village d'Ouilly-le-Basset (**2**), ensuite le hameau Le Haut-d'Ouilly (**1.2** — Haras). La r. parcourt un plateau fortement ondulé, au milieu d'une campagne souriante. Après deux autres montées (8' et 4'), menant à hauteur du *château des Minières*, un peu caché dans les arbres, à dr., on commence à descendre.

Près d'un calvaire (**1.5**), se détache à g. le ch. de Tréprel (2), et, plus bas (**0.8**), celui du Mesnil-Villement (4), à dr. On franchit le *pont des Caux-d'Anger* (**1**) dans un gracieux val. La r. s'élève de nouveau (12') pour passer au Mesnil-Jacquet (**0.9**), hameau dépendant de Pierrepont (2.8), à g.

Une nouvelle côte (8') est suivie d'une descente; on laisse sur la g. le village de Martigny (**2.8**), au croisement du ch. du Mesnil-Vin (5.5) à Villers-Canivet (7.6).

La r., aplanie, descend insensiblement entre des champs arables. A g., on entrevoit les *rochers de Noron*, tandis qu'à dr. le village de Miette borde la petite rivière d'*Ante*, franchie à l'intersection (**3.1**) du ch. d'Ecouché (20) à Noron (4).

Une rampe douce précède le hameau de La Cour Bonnet (1.1), où vient aboutir à dr. le ch. de Domfront (56.2); ensuite une descente rapide mène vers **Falaise** (Ch.-l. d'arr. — 7.657 hab.).

A l'entrée de cette ville, les ruines altières du château féodal, originalement situées au rebord d'un promontoire, à g., commandent le joli val d'Ante.

A l'extrémité de la majestueuse *promenade du Cours*, plantée d'ormes séculaires, la rue *Porte-Château* (Pavé : 6') donne sur la place *Guillaume-le-Conquérant*, où est érigée la *statue* équestre du fameux duc de Normandie. Au bas de la place, passant à g. d'une *fontaine*, on continuera devant soi par la petite rue du *Camp-de-Ferme* que prolonge la rue *Frédéric-Galleron*. Cette dernière aboutit à la rue de *Caen*, vis-à-vis l'hôtel du *Grand-Cerf* (2).

Visite de la ville de Falaise (environ 2 h. 1/2). — La rue de *Caen*, à g., en sortant de l'hôtel du *Grand-Cerf*, débouche sur la place *Saint-Gervais*, où s'élève à g. **l'église Saint-Gervais**.

A dr. de la place Saint-Gervais, le **café-musée Malfilâtre**, une des curiosités de la ville, occupe l'emplacement de l'ancien *hôtel fort*, habitation des ducs normands. Le musée renferme de très curieuses collections d'objets précieux recueillis par son créateur, M. Malfilâtre, dans le but de faire revivre le passé glorieux de la Normandie et de Falaise en particulier.

A g. du café Malfilâtre, la rue des *Cordeliers* descend à l'une des anciennes portes de la ville, dite la *porte Ogise*, ou des *Cordeliers*, flanquée d'une tour ronde. De cette porte, regagnant la place Saint-Gervais, on prendra la rue *Saint-Gervais*, à dr. Celle-ci, à son extrémité, près d'une fontaine, se confondant avec la rue de la *Pelleterie*, est prolongée par la rue de la *Trinité* (à g., au n° 74, très vieille *maison* du XVe s.) qui aboutit à la rue transversale de la *Mairie*.

Ici, tourner à dr., puis, presque aussitôt à g., sur la place *Guillaume-le-Conquérant*, décorée de la **statue** équestre **de Guillaume le Conquérant**, d'une superbe allure. Sur cette même place se trouvent : à l'E., **l'église de la Trinité** (beau carillon), et, au S., l'*Hôtel de Ville*.

Entre l'Hôtel de Ville et la *gendarmerie*, à dr., un ch. monte vers la porte du **Château** (pour visiter, s'adresser au concierge qui accompagne; gratification, 50 c.). C'est au château de Falaise que naquit Guillaume le Conquérant, fils du duc Robert le Magnifique, dit aussi le Diable, et d'Arlette, la petite plébéienne du val d'*Ante*, distinguée par le père de Guillaume tandis qu'elle lavait son linge près de la fontaine appelée depuis la *fontaine d'Arlette*.

Du château, on reviendra sur ses pas par la place Guillaume-le-Conquérant (au bas de la place, une ruelle, à g., mène à la *porte Philippe-Jean*, aujourd'hui arceau sans caractère, d'où l'on peut descendre à la fontaine d'Arlette dans le val d'Ante, V. ci-dessus), les rues de la Mairie et de la Trinité.

A l'extrémité de la rue de la Trinité, négligeant à g. la rue Saint-Gervais, on continuera à dr. par la rue de la *Pelleterie*. Celle-ci passe devant le *Palais de Justice* et ramène à la place Saint-Gervais.

De la place Saint-Gervais, la rue d'*Argentan*, à dr., laissant successivement à g., un *château*, entouré d'un parc, la *gare*, puis le *jardin public*, monte au bourg de **Guibray** (à quatorze cents m.), quartier industriel de Falaise (bonneterie), célèbre par sa *foire* importante, dont la fondation date du XIe s. Guibray possède une belle **église** romane sur la vaste place de la *Reine-Mathilde*.

Excursion recommandée au départ de Falaise. — La Brèche-au-Diable et le tombeau de Marie Joly (**17** kil., aller et retour).

Itinéraire : Partant de l'hôtel du *Grand-Cerf*, on descend à dr. la r. de Caen, qui traverse le val d'Ante sur un haut remblai de terres rapportées ; à dr., *château du Mesnil-Riant*.

La r., bordée de magnifiques arbres, monte (10') et passe devant un beau *calvaire*, sur un tertre gazonné à dr. Au faîte de la côte, on laisse : à dr., la **route de Rouen** (**1.2**), puis, cinquante m. plus loin, le ch. d'Ussy, à g.

A l'E. s'étend une vaste plaine, tandis qu'à l'O. la vallée du *Laizon* déploie toute une perspective de verdure. De ce côté, on remarque le *château d'Aubigny*, qu'avoisine le village du même nom (**1.1** — Église contenant des statues de comtes d'Aubigny et des pierres tombales).

Une côte (4') précède Saint-Pierre-Canivet (**1.2**), ensuite deux courtes montées (2' et 2') se font sentir, avant et après Soulangy (**1.5**), village un peu sur la g. de la r.

Parvenu à hauteur de la *borne 14.5*, à l'angle d'une maison isolée, il faut abandonner la r. de Caen, pour prendre à dr. (**0.7**) le ch. d'Ouilly-le-Tesson, qui s'élève insensiblement sur la plaine. Au *calvaire* de Tassilly (**1**), on continue le ch. à dr., puis, à la bifurcation suivante, tout droit.

Après une petite descente, succède une côte très dure (1'); au sommet de cette dernière, on quitte (**1.3**) le ch. d'Ouilly-le-Tesson et l'on s'engage à g. dans un étroit ch. rocailleux (deux raidillons : 1' et 2') aboutissant à l'hôtel-auberge du *Mont-Joly* **0.3**), situé sur le Mont-Joly, tout près de la *chapelle de Saint-Quentin-de-la-Roche.*

Ici, laissant sa machine dans la cour de l'auberge (où il faut demander la clef qui permet de visiter le tombeau de Marie Joly), on traversera le couloir, puis le jardin de l'auberge. De l'autre côté du jardin, on se dirige en ligne droite, à travers une sorte de lande, pour gagner, au delà d'un cordon de sapins, l'enclos (**0.2**) où se trouve le *tombeau de Marie Joly* (actrice de la Comédie-Française, décédée en 1798, à laquelle M. Dulomboy, son mari, fit élever ce mausolée « dans l'espoir consolant que nul mortel ne viendrait troubler ce lieu solitaire »).

Le tombeau couronne un rocher à pic, d'où l'on découvre soudainement la *Brèche-au-Diable*, ou *gorge de Saint-Quentin.* Cette étrange et sauvage entaille du sol, d'une grandeur impressionnante, est drapée d'une épaisse forêt d'où émergent d'énormes parois granitiques, au pied desquelles grondent les eaux torrentueuses du Laizon. A dr. et à g. de l'enclos, des sentiers conduisent au bord de l'abîme, mais il est prudent de ne pas trop s'en approcher.

Retour à Falaise (**8.5**) par le même itinéraire.

Pour mémoire. — De **Falaise** à **Caen**, V., en sens nverse, page 131.

De **Falaise** à **Nonant-le-Pin** (**43** kil.), par Saint-Clair (**3.5**), Pierrefitte (**8.4**), Occagnes (**5**), **Argentan** (**5.1** — Ch.-l. d'arr. — 6.291 hab. — Hôt. des *Trois-Marie* — A voir : les églises Saint-Germain et Saint-Martin, le Château), Urou-et-Crennes (**2.7**), Silly-en-Gouffern (**4**), Le Bourg-Saint-Léonard (**2.3** — A voir : le château de Chambois, à 5 k.), Le Pont-au-Haras (**3.7** — Hôt. du *Tourne-Bride* — A voir : le Haras) et Nonant-le-Pin (**8.3** — *V.* page 27).

De **Falaise** à **Sées** (**45** kil.), par **Argentan** (**22** kil. — *V.* ci-dessus), **Mortrée** (**15** — Ch.-l. de c. — 1.128 hab. — Hôt. du *Commerce* — A voir : le château d'O, à 1 kil. 5) et Sées (**8** — *V.* page 27).

DE FALAISE A LISIEUX

Par Pont-de-Jort, Saint-Pierre-sur-Dives et Saint-Julien-le-Faucon.

Distance : **44** kil. **400** m. *Côtes :* **1** h. **21** min.
Pavé : **13** min.

Nota. — Route agréable, mais très accidentée entre Saint-Pierre-sur-Dives et Lisieux. L'itinéraire indiqué par Saint-Julien-le-Faucon, traverse une région ravissante, coupée successivement par les vallées du Lodon, de la Vielle et de la Vie. Après Saint-Julien-le-Faucon, on monte presque sans interruption pendant trois kil., ensuite belle descente vers Lisieux.

De Falaise à la route de Rouen (**1.2** — Côte : 10'), *V. l'excursion à la Brèche-au-Diable*, page 200.

La r. de Rouen, qui se détache à dr. de celle de Caen, longe une grande plaine, à g., et domine à dr. les fonds verdoyants du val d'*Ante*, dont le ruisseau grossira plus loin la *Dives*. De ce côté, on aperçoit (**1.6**) le *château de Versainville*, au milieu d'un bouquet d'arbres, entouré d'un magnifique parc.

Descente; à g., s'écarte (**1.8**) le ch. de Condé-sur-Ifs (14.1), puis légère rampe, du sommet de laquelle la r. déroule en ligne droite son long ruban blanchâtre, entre de jeunes bois de pins, qui couvrent en partie les *monts d'Eraines*, à dr. On croise (**5.7**) le ch. d'Ussy (14.2) à Bernières-d'Ailly (1.6), ensuite, au delà de la voûte du ch. de fer, on rejoint (**2.2**) le ch. qui vient de Couliboeuf (5), à dr.

La r. franchit la Dives (**0.7**) et ses prairies sur trois ponceaux séparant deux hameaux qui dépendent : le premier, de Vendeuvre, le second, de Jort. Après le *pont de Jort*, une côte (4') mène au *calvaire*, où s'éloigne à dr. le ch. de Notre-Dame-de-Fresnay (9.3).

Plus loin, la r. s'élève encore légèrement (4'), tandis qu'à g. le village de Morières (**3**) égrène ses maisons en contre-bas de la chaussée. A dr. (**1.1**), se détache le ch. de Trun (20.4); une montée (2'). On passe en vue de la petite église isolée et du *château de Carel* (**0.7**), à g., avant d'atteindre le bourg, d'aspect engageant, de **Saint-Pierre-sur-Dives** (**1.6** — Ch.-l. de c. — 2.179 hab. — Hôt. recommandé du *Dauphin* — Cafés du *Commerce*; de la *Terrasse* — A voir : l'Eglise, ancienne abbaye; les Halles).

On traverse la localité par la rue de *Falaise* (Pavé : 8'), prolongée, au delà de la place de la *Mairie*, par la rue de *Lisieux* (Montée : 1').

A la sortie de Saint-Pierre-sur-Dives, la r., bifurquant (**0.2**), on a le choix, pour se rendre à Lisieux, de passer : soit par Crèvecœur-en-Auge, soit par Saint-Julien-le-Faucon.

La r. de Lisieux, par Crèvecœur-en-Auge, plus unie mais moins intéressante que celle par Saint-Julien-le-Faucon, allonge de trois kil. environ. Continuant à g., elle passe au hameau de Harmonville (**0.5**), puis laisse sur la g. le village de Bretteville-sur-Dives (**1.5**); on franchit le *Lodon* (**0.8**), affluent de la Dives. A g., apparaît le village d'Ouville (**1.2**) et, à dr., celui du Mesnil-Mauger, après avoir croisé le ch. de fer (**3**). La r. traverse la *Vie* (**2.7**), près du *château de Fribois*, situé à g., ensuite une légère montée (3'), suivie d'une courte descente, précède l'église de Saint-Loup-de-Fribois (**1.3**). Cinq cents m. plus loin, on atteint le village de Crèvecœur-en-Auge (**0.5**).

De Crèvecœur-en-Auge à Lisieux (**16.2** — Côte : 30' — Pavé : 5'), *V.*, en sens inverse, l'itinéraire de la page 127.

La r. de Lisieux, par Saint-Julien-le-Faucon, emprunte à dr. la r. de Livarot pendant quatre cents m. ; arrivée au *calvaire* (**0.4**), elle laisse à dr. la r. de Livarot (15) et se dirige à g.

Après une légère rampe et une descente, on gravit (8') la *butte de la Justice*, couverte de taillis. Une pente rapide conduit ensuite dans la belle et large vallée de prairies du *Lodon*. La r. remonte le versant opposé (12') en coupant successivement le ch. (**4.9**) de Canon (11) à Vieux-Pont (1) et le ch. (**0.6**) de Boisset (4.9) à Crèvecœur (8.3).

Descente insensible vers la vallée bocagère qu'arrose la *Vielle*, puis côte (5') ; on croise (**3.7**) le ch. de Vimont (2.3) à Saint-Georges-en-Auge (10.4), près de jolies fermes normandes. Au bas de la descente suivante, on traverse la ligne du ch. de fer, en arrivant au coquet village de Saint-Julien-le-Faucon (**1.3** — Aub. de la *Levrette*; café du *Musée*), gracieusement situé sur les bords de la *Vie* ; à dr., s'éloigne le ch. d'Orbec (29.7).

Ayant franchi la rivière et laissé à dr. une ferme-manoir, dans un bel enclos, ainsi que le ch. du Mesnil-Eudes (8.5), la r. s'élève à nouveau progressivement (Côtes : 3', 3', 3' et 2') ; toutefois, une forte dépression du terrain précède la longue rampe (25'), qui, tracée au flanc d'un vallon latéral, profond et agreste, conduit sur le plateau. Un peu au delà du hameau de La Corne (**5.7**), à la croisée du ch. de La Boissière (3.9) à Fervaques (12.8), la descente vers le bassin de la *Touques* commence à se faire sentir; elle s'accentue bientôt en pente rapide jusqu'à la voûte de la *ligne de Mézidon à Lisieux*, voisine de l'embranchement du *moulin de la Motte* (**3**), ce dernier à l'angle du ch. du Pré-d'Auge (6.5), à g.

Après une courte montée (2'), la descente reprend dans le frais vallon du *Cirieux* ; plus loin, au hameau de Malicorne (**1.8**), se détache un second ch. du Pré-d'Auge (7.5).

On rejoint (**2**) la r. de Caen, à l'entrée de **Lisieux**, au faubourg de Saint-Désir, qu'on descend à dr. jusqu'en vue de l'*église de Saint-Désir*, en briques, à dr.

Ici, abandonner devant soi la rue *Gustave-David* et continuer à g. par la rue de *Caen*, que prolonge la *Grande-Rue* (Pavé : 5'), au delà des deux ponts sur la Touques. Dans la Grande-Rue, s'arrêter à l'hôtel de *France-et-d'Espagne*, à dr., au n° 121 (**1.2**).

Nota. — Pour la visite de la ville de Lisieux, *V.* page 125.

Paris. — Imp. V. Goupy, 71, rue de Rennes.

www.ingramcontent.com/pod-product-compliance
Ingram Content Group UK Ltd.
Pitfield, Milton Keynes, MK11 3LW, UK
UKHW022051190726
13855UKWH00002B/478